KB173018

가모가 들려주는 원소의 기원 이야기

가모가 들려주는 원소의 기원 이야기

초 판 1쇄 발행일 | 2006년 6월 23일
개정판 1쇄 발행일 | 2010년 9월 1일
개정판 11쇄 발행일 | 2021년 5월 31일

지은이 | 김충섭
펴낸이 | 정은영
펴낸곳 | (주)자음과모음

출판등록 | 2001년 11월 28일 제2001－000259호
주 소 | 04047 서울시 마포구 양화로6길 49
전 화 | 편집부 (02)324－2347, 경영지원부 (02)325－6047
팩 스 | 편집부 (02)324－2348, 경영지원부 (02)2648－1311
e－mail | jamoteen@jamobook.com

ISBN 978－89－544－2095－2 (44400)

가모가 들려주는

원소의 기원 이야기

| 김충섭 지음 |

(주)자음과모음

우리의 몸을 구성하는 원소는 어디로부터 왔을까?

자연을 구성하는 원소는 대략 90여 가지입니다. 그런데 각각의 원소마다 존재하는 양이 크게 차이가 납니다.

예를 들어, 우주에는 수소와 헬륨이 많습니다. 헬륨은 우주 전체에서 수소 다음으로 많은 원소이지요. 하지만 지구에서 헬륨은 희귀한 원소입니다. 반면에 철은 다른 금속과 비교해 봤을 때 지구상에 풍부한 원소입니다. 이처럼 어떤 원소들은 많지만 어떤 원소들은 적고, 또 어떤 원소들은 희귀합니다. 그 이유는 뭘까요?

과학자들은 그 속에 엄청난 비밀이 숨겨져 있다는 것을 알게 되었습니다. 그것은 인류가 그토록 궁금해하고 영원히 풀지 못

할 미스터리로 여겨 왔던 우주 탄생의 비밀이었습니다. 마침내 인류는 신화나 종교 등 주로 철학에서 다루어 오던 우주의 기원을 과학적으로 탐구할 수 있게 된 것입니다.

또 다른 놀라운 사실도 밝혀졌습니다. 그것은 우리 몸을 이루고 있는 원소들이 별 속에서 만들어졌다는 것입니다. 비단 우리 몸뿐만이 아닙니다. 지구에 존재하는 모든 물질을 이루는 원소들은 태초에 생기거나 아니면 그 후 별 속에서 만들어진 것이었습니다. 사람들이 모두 별을 좋아하는 것은 별이 우리 인류의 고향이기 때문이 아닐까요?

이 책은 만물을 구성하는 원소의 기원에 대한 이야기를 담고 있습니다. 그것은 밤하늘을 아름답게 수놓는 별의 일생이나 우주의 기원과도 관련이 있습니다. 원소의 기원을 찾는 여행은 우주 탄생과 종말에 관한 비밀을 알려 주는 열쇠입니다. 우리가 궁금해하는 우주의 비밀은 모두 원소의 기원과 관련되어 있기 때문입니다.

김 충 섭

차례

부록

첫 번째 수업 **1**

원소란 무엇인가?

원소란 물질을 구성하는 기본 요소로 더 이상 작은 물질로 분해되지 않는 것을 말합니다.
그렇다면 원자와 원소의 차이점은 무엇일까요?

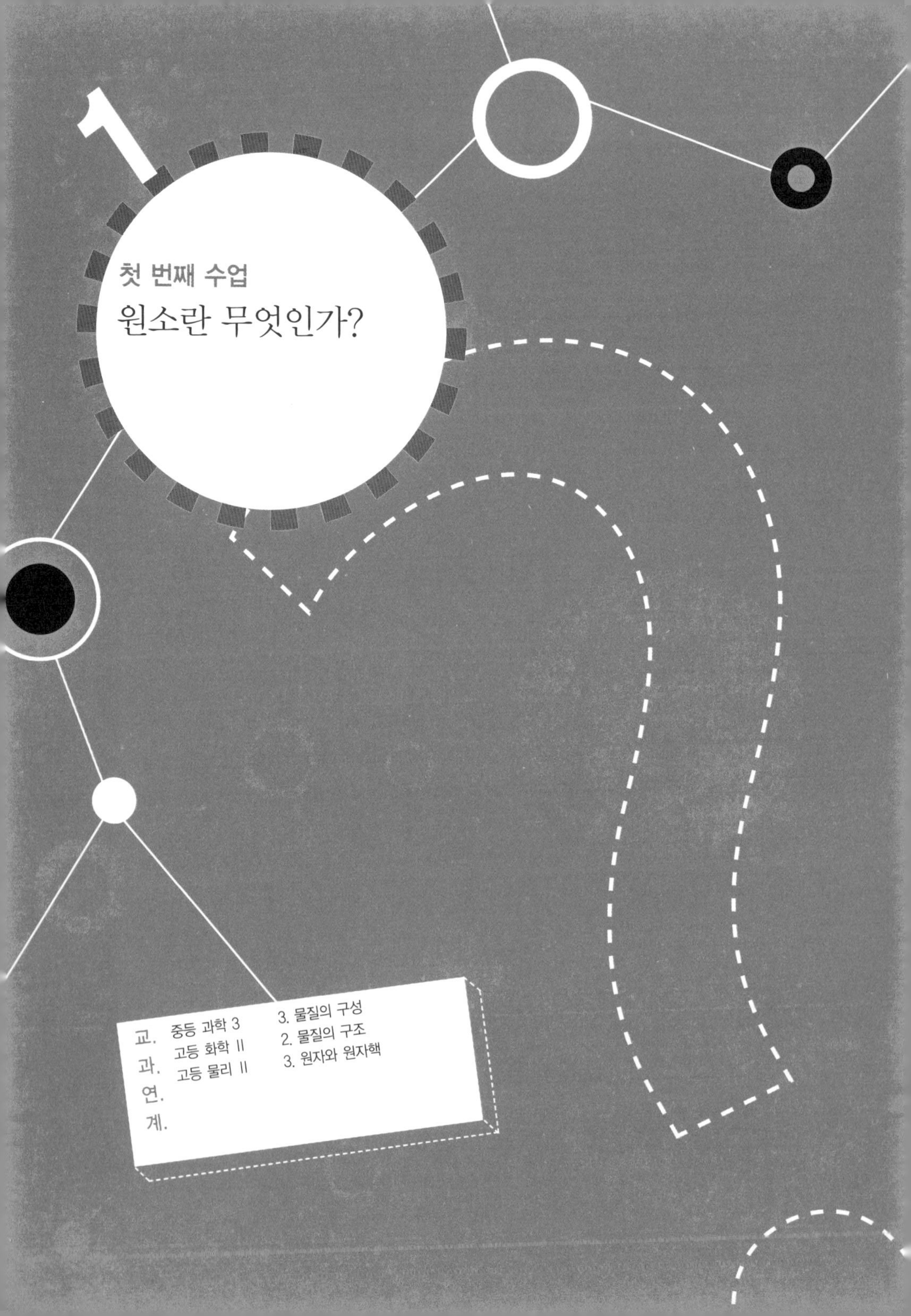

1

첫 번째 수업

원소란 무엇인가?

교.
과.
연.
계.

중등 과학 3	3. 물질의 구성
고등 화학 II	2. 물질의 구조
고등 물리 II	3. 원자와 원자핵

가모가 간단하게 자기를 소개하며 첫 번째 수업을 시작했다.

안녕하세요, 나는 미국의 물리학자 조지 가모입니다. 이렇게 한국에 방문하여 과학을 사랑하는 여러분을 만나게 되어 기쁩니다.

나는 러시아에서 태어났지만 1940년에 미국으로 귀화하여 핵물리학과 우주론을 연구하였고, 여러 가지 연구 업적을 남겼지요. 나는 톰킨스를 주인공으로 한 《톰킨스 씨의 놀라운 세계로의 여행》과 같은, 일반 독자들을 위한 교양 과학책을 많이 썼습니다. 그래서 나는 과학계에서보다 일반 사람들에게 더 유명한 과학자라고 할 수 있죠.

예? 나를 잘 모른다고요?

음, 이건 좀 충격이군요! 그렇다면 우주가 대폭발로부터 시작되었다고 하는 '빅뱅 이론'에 대해서는 들어본 적이 있나요?

__예!

역시 여러분들은 과학에 무척 관심이 많군요. 바로 그 빅뱅 이론을 주장한 사람이 나랍니다. 내 소개는 이쯤에서 마치고 이제부터 '원소의 기원'에 대한 이야기를 시작해 보도록 하죠.

원소의 기원 이야기는 빅뱅 이론과 관련이 있답니다. 내가 빅뱅 이론을 발표한 논문의 제목도 〈원소의 기원(The Origin of Chemical Elements, 1948)〉이었답니다.

물질의 분해

나는 어려서부터 자연에 대해 궁금한 게 무척 많았습니다. 과학을 사랑하는 여러분도 그렇겠죠?

__예.

만약 그중에서 가장 궁금한 것을 하나만 꼽아 보라고 하면 여러분은 뭐라고 말할 건가요?

__우주는 어떻게 생겨났나요?

__우주는 끝이 있나요?

__생명은 언제 어디서 생겼나요?

역시 내가 생각했던 대로군요. 바로 이런 물음들은 사람들이 자연에 대해 품고 있는 가장 근본적인 의문이라 할 수 있습니다. 그리고 한 가지가 더 있는데, 그것은 바로 '물질은 무엇으로 되어 있는가?' 하는 것입니다. 물질이 무엇으로 되어 있는지 알려면 물질을 분해해 보면 됩니다.

그렇다면 물질을 분해하는 방법에는 어떤 것이 있을까요?

__칼로 쪼개면 돼요.

아, 그런 방법이 있군요. 적어도 눈에 보이는 물질에 한해서는 그렇게 할 수 있겠죠? 하지만 칼로 쪼개는 것은 분명히

한계가 있습니다.

그렇다면 어떻게 해야 할까요?

__태우면 돼요.

그렇습니다. 열을 가하여 물질을 연소시키는 방법이 있습니다. 예를 들어, 나무를 태우면 이산화탄소와 물과 재가 생깁니다. 이들의 일부는 물질 속에 들어 있던 것이겠죠?

그다음에는 어떻게 해야 할까요?

__녹이면 돼요.

그렇죠, 용매를 이용하여 녹이는 것입니다. 그것도 좋은 방법입니다.

그 외에도 수용액을 만들고 전류를 흘려보내 물질을 분리해 내는 전기 분해의 방법이 있습니다. 또 다른 방법으로는

분광 분석법이 있지요.

화학 원소

이렇게 물질을 분해하다 보면 더 이상 분해할 수 없는 것들이 발견됩니다. 이들은 화학적인 방법으로는 더 이상 분해되지 않을 것처럼 보입니다.

이렇게 모든 물질을 구성하는 가장 기본적 요소를 화학 원소 또는 간단히 원소라고 합니다. 즉, 더 이상 분해할 수 없는 물질의 최소 단위입니다.

과학자들은 화학 원소를 흔히 영문자로 된 간단한 기호로

원소 이름	원소 기호	원소 이름	원소 기호
수소	H	납	Pb
헬륨	He	은	Ag
리튬	Li	금	Au
탄소	C	수은	Hg
질소	N	우라늄	U
산소	O	넵투늄	Np
철	Fe	플루토늄	Pu
구리	Cu		

여러 가지 원소 기호

표기하였는데, 이것을 원소 기호라고 합니다. 예를 들어 수소의 원소 기호는 H, 산소는 O, 질소는 N, 철은 Fe, 구리는 Cu, 우라늄은 U로 표기합니다.

화학자들이 찾아낸 원소 중에는 오랜 옛날부터 인류와 친숙했던 것들이 있습니다. 몇 가지만 살펴보도록 하죠.

수소(H)

자연계에서 발견한 원소들 중 가장 가벼운 원소는 수소이고, 가장 무거운 원소는 우라늄입니다.

수소는 1776년, 영국의 화학자 캐번디시(Henry Cavendish, 1731~1810)에 의해 처음 발견되었습니다. 캐번디시는 아연이나 철 또는 주석에 산성 용액을 반응시키면 불에 잘 타는 기체가 발생하고, 그 기체가 산소와 합쳐지면 물이 된다는 것을 발견하였습니다.

여기서 수소라는 이름이 생겨났습니다. 수소는 '물을 낳는 원소'라는 의미를 갖고 있지요. 이런 의미를 지닌 수소는 보통 기체 상태로 존재합니다.

헬륨(He)

수소 다음으로 가벼운 원소는 헬륨입니다. 헬륨 역시 상온에서 기체 상태로 있습니다. 헬륨은 공기보다 가벼워 풍선에 주입하면 풍선이 둥둥 떠오르게 됩니다. 흔히 놀이 공원에서 볼 수 있는 하늘로 둥둥 떠오르는 풍선 속에 헬륨이 들어 있는 것입니다.

헬륨은 분광법을 발견한 영국의 천문학자 로키어(Joseph Lockyer, 1836~1920)가 일식 때 태양 스펙트럼 속에서 발견하였습니다. 그리고 그리스 신화의 태양신인 헬리오스의 이름을 따서 헬륨이라고 명명하였지요. 그리고 얼마 후 지구상에서도 헬륨이 발견되었습니다.

탄소(C)

탄소 역시 천연에서 덩어리로 산출됩니다. 탄소로 이루어진 3가지 다른 종류의 물질이 있습니다. 다이아몬드와 흑연 그리고 석탄, 숯, 그을음이 그것입니다.

다이아몬드는 그 매장량이 많지 않은 매우 귀한 보석입니다. 이것은 단단하기로 유명하지요. 반면에 흑연은 다량으로 산출되고 전기가 잘 통하는 성질이 있어 전극으로 사용되며, 연필심으로도 널리 쓰이고 있습니다. 또한 석탄이나 숯은 주로 연료로 사용되며, 그을음은 우리 주변에서 쉽게 볼 수 있는 물질입니다.

이들은 전혀 다르게 보이지만 모두 탄소로 이루어진 물질

입니다. 이처럼 같은 원소로 구성되었지만 모양과 성질이 다른 물질을 동소체라고 합니다.

탄소는 다른 원소와 잘 결합하는 성질이 있어 매우 안정적인 화합물을 만듭니다. 이렇게 만들어진 탄소 화합물은 그 종류가 수백만 개나 됩니다. 탄소는 아미노산이나 단백질과 같은 고분자 화합물을 만들기 때문에 생명체에게 가장 중요한 원소라고 할 수 있습니다.

과학자의 비밀노트

풀러렌(fullerene)

탄소 원자가 5각형과 6각형으로 이루어진 축구공 모양으로 연결된 분자로 탄소의 새로운 동소체이다. 흑연 조각에 레이저를 쏘았을 때 남아 있는 그을음에서 발견되었다. 주로 탄소 원자 60개가 축구공 모양으로 결합하여 생긴 탄소의 크러스터 C60을 말한다. 12개의 5원자 고리와 20개의 6원자 고리로 이루어져 있으며, 각각의 5원자 고리에는 5개의 6원자 고리가 인접해 있다.

지름 약 1nm인 '나노의 축구공'을 형성하는데, 풀러렌이라는 명칭은 이 구조와 같은 모양의 돔을 설계한 미국의 건축가 풀러(Buckminster Fuller, 1895~1983)의 이름에서 유래한 것이다. '버키 볼(Bucky ball)'이라는 별칭으로도 불리는데, 이것 역시 그의 이름에서 따온 것이다.

기름에 녹는 성질을 이용하여 풀러렌을 수지에 첨가해서 내구성이나 내열성을 높이거나 정전기의 제거, 잡음 필터로의 응용이 시도되고 있다. 이것을 이용해서 단단하고 날카로운 절삭 도구나 아주 단단한 플라스틱을 만드는 연구도 진행 중이다.

철(Fe)

4천 년 전, 인류는 철광석에서 철을 녹여 내는 방법을 발견하였습니다. 그리하여 철기 시대가 열리게 된 것이지요. 철의 사용은 인류 문명의 또 다른 전환점이 되었습니다.

철광석은 금, 은, 구리 등의 광석보다 훨씬 널리 분포해 있어서 쉽게 찾을 수 있었습니다. 하지만 철을 녹이기 위해서는 1,800℃ 이상의 고온으로 가열해야 했으므로 상당한 기술이 필요했지요. 이 때문에 철기 시대의 시작은 지역에 따라 상당한 차이가 있게 되었습니다.

구리(Cu)

구리는 금과 같이 순수한 금속으로 존재하지 않습니다. 아마 먼 옛날 원시인들이 토기를 만들기 위해 흙이나 돌을 구웠을 때, 구리가 녹아 나오는 것을 발견했을 것으로 생각됩니다.

광석에서 붉은색의 구리를 녹여 내는 방법은 이미 5천여 년 전부터 알려져 있습니다. 하지만 순수한 구리는 녹는점이 1,400℃나 되어 녹이기가 힘듭니다. 게다가 단단하지도 않아서 연장을 만들기에 적당하지 않습니다.

구리를 활용하기 시작한 것은 우연히 구리와 주석(Sn)이 혼합된 청동 광석을 발견하면서부터입니다. 청동은 구리나 주석보다 녹는점이 낮아 녹이기 쉬울 뿐만 아니라 훨씬 단단합니다.

이렇게 청동이 발견됨으로써 본격적인 인류 문명의 시작이라고 할 수 있는 청동기 시대가 열리게 된 것입니다.

금(Au)

금은 다른 원소들과 잘 반응하지 않아 자연 상태에서 누런

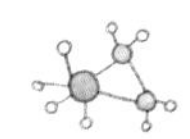

덩어리로 존재합니다. 금은 흔하진 않지만 잘 변하지 않고 가공하기가 쉬워 반지나 목걸이와 같은 장신구를 만드는 데 사용됩니다. 요즘에는 손상된 이를 보완하는 재료로도 쓰이고 있습니다. 또한 금은 전기를 잘 통과시키는 성질이 있어 오늘날 반도체 소자의 접점으로 사용되기도 합니다.

주기율표

과학자들이 자연에서 찾아낸 원소는 90여 종이나 됩니다. 그 대부분은 갖가지 분해 방법을 이용하여 물질로부터 분리해 낸 것입니다.

원소를 질량과 화학적 성질에 따라 배열해 놓은 표를 주기율표라고 합니다. 주기율표를 보면 비슷한 성질을 갖는 원소를 한눈에 알아볼 수 있습니다. 주기율표 상에서 같은 열에 있는 원소들은 화학적 성질이 비슷합니다. 주기율표는 자연계에 존재하는 모든 원소를 찾아내는 데 크게 도움이 되었습니다.

원소를 가벼운 것에서부터 무거운 순서로 늘어놓고 번호를 붙인 것을 원자 번호라고 합니다. 따라서 가장 가벼운 수

표준 주기율표

ACS와 IUPAC에서 권장함.

a 가장 안정하거나 잘 알려진 동위 원소의 질량수
b 가장 반감기가 긴 동위 원소의 질량

원소 기호	원자 번호
O	8
이름	산소
원자량	15.9994
안정한 산화수 / 전기 음성도	-2 / 3.5

원자량은 탄소-12를 기초로 하였다. 괄호 속에 주어진 원자량은 가장 안정하거나 가장 잘 알려진 동위 원소들의 것이다.

전이 금속: 3족 ~ 12족

주기 \ 족	1 (IA)	2 (IIA)	3 (IIIB)	4 (IVB)	5 (VB)	6 (VIB)	7 (VIIB)	8 (VIIIB)	9 (VIIIB)	10 (VIIIB)	11 (IB)	12 (IIB)	13 (IIIA)	14 (IVA)	15 (VA)	16 (VIA)	17 (VIIA)	18 (VIIIA)
1	H 1 수소 1.00794 1 / 2.2																	He 2 헬륨 4.002602 – / –
2	Li 3 리튬 6.941 1 / 1.0	Be 4 베릴륨 9.01218 2 / 1.5											B 5 붕소 10.81 3 / 2.0	C 6 탄소 12.011 +4, -4, / 2.5	N 7 질소 14.0067 +3, -3 / 3.1	O 8 산소 15.9994 -2 / 3.5	F 9 플루오르 18.99840 -1 / 4.1	Ne 10 네온 21.1797 – / –
3	Na 11 나트륨 22.98977 1 / 1.0	Mg 12 마그네슘 24.305 2 / 1.2											Al 13 알루미늄 26.98154 3 / 1.5	Si 14 규소 28.086 4 / 1.7	P 15 인 30.97376 5 / 2.1	S 16 황 32.06 6 / 2.4	Cl 17 염소 35.453 +1, -1 / 2.8	Ar 18 아르곤 39.948 – / –
4	K 19 칼륨 39.098 1 / 0.9	Ca 20 칼슘 40.08 2 / 1.0	Sc 21 스칸듐 44.9559 3 / 1.2	Ti 22 타이타늄 47.90 4 / 1.3	V 23 바나듐 50.9415 5 / 1.5	Cr 24 크롬 51.996 3 / 1.6	Mn 25 망간 54.9380 2 / 1.6	Fe 26 철 55.845 3 / 1.6	Co 27 코발트 58.9332 2 / 1.7	Ni 28 니켈 58.69 3 / 1.8	Cu 29 구리 63.546 2 / 1.8	Zn 30 아연 65.409 2 / 1.7	Ga 31 갈륨 69.72 3 / 1.8	Ge 32 게르마늄 72.61 4 / 2.0	As 33 비소 74.9216 +3, -3 / 2.2	Se 34 셀렌 78.96 4 / 2.5	Br 35 브롬 79.904 +1, -1 / 2.7	Kr 36 크립톤 83.80 – / –
5	Rb 37 루비듐 85.4678 1 / 0.9	Sr 38 스트론튬 87.62 2 / 1.0	Y 39 이트륨 88.9059 3 / 1.1	Zr 40 지르코늄 91.22 4 / 1.2	Nb 41 니오브 92.9064 5 / 1.2	Mo 42 몰리브덴 95.94 6 / 1.4	Tc 43 테크네튬 98.9062[b] 7 / 1.4	Ru 44 루테늄 101.07 (3, 4) / 1.4	Rh 45 로듐 102.9055 3 / 1.5	Pd 46 팔라듐 106.4 2 / 1.4	Ag 47 은 107.868 1 / 1.4	Cd 48 카드뮴 112.411 2 / 1.5	In 49 인듐 114.82 3 / 1.5	Sn 50 주석 118.71 4 / 1.7	Sb 51 안티몬 121.760 +3, -3 / 1.8	Te 52 텔루르 127.60 4 / 2.0	I 53 요오드 126.904 +1, -1 / 2.2	Xe 54 크세논 131.293 – / –
6	Cs 55 세슘 132.9054 1 / 0.9	Ba 56 바륨 137.327 2 / 1.0	La* 57 란탈 138.9055 3 / 1.1	Hf 72 하프늄 178.49 4 / 1.2	Ta 73 탄탈 180.9479 5 / 1.3	W 74 텅스텐 183.84 6 / 1.3	Re 75 레늄 186.2 7 / 1.5	Os 76 오스뮴 190.2 4 / 1.5	Ir 77 이리듐 192.22 4 / 1.6	Pt 78 백금 195.078 4 / 1.4	Au 79 금 196.9665 3 / 1.4	Hg 80 수은 200.59 2 / 1.5	Tl 81 탈륨 204.3833 1 / 1.4	Pb 82 납 207.2 2 / 1.6	Bi 83 비스무트 208.9804 3 / 1.7	Po 84 폴로늄 (210)[a] 4 / 1.8	At 85 아스타틴 (210)[a] +1, -1 / 2.0	Rn 86 라돈 (222)[a] – / –
7	Fr 87 프랑슘 (223)[a] 1 / 0.9	Ra 88 라듐 226.0254[b] 2 / 1.0	Ac** 89 악티늄 (227)[a] 3 / 1.0	Rf 104 러더포듐 (261)[a] 4 / –	Db 105 더브늄 (262)[a] 5 / –	Sg 106 시보귬 (266) – / –	Bh 107 보륨 (264) – / –	Hs 108 하슘 (269) – / –	Mt 109 마이트너륨 (268) – / –	Ds 110 다름슈타튬 (269) – / –	Rg 111 뢴트게늄 (272) – / –							

금속 / 준금속 / 비금속

내부 전이원소

란탄족 원소 * 6	Ce 58 세륨 140.116 3 / 1.1	Pr 59 프라세오디뮴 140.90765 (3, 4) / 1.1	Nd 60 네오디뮴 144.24 3 / 1.1	Pm 61 프로메튬 (145)[a] 3 / 1.1	Sm 62 사마륨 150.4 3 / 1.1	Eu 63 유로퓸 151.964 3 / 1.0	Gd 64 가돌리늄 157.25 3 / 1.1	Tb 65 테르븀 158.92534 3 / 1.1	Dy 66 디스프로슘 162.50 3 / 1.1	Ho 67 홀뮴 164.93032 3 / 1.1	Er 68 에르븀 167.26 3 / 1.1	Tm 69 툴륨 168.9342 3 / 1.1	Yb 70 이터븀 173.04 3 / 1.1	Lu 71 루테튬 174.97 3 / 1.1
악티늄족 원소 ** 7	Th 90 토륨 232.0381[b] 4 / 1.1	Pa 91 프로트악티늄 231.03588 5 / 1.1	U 92 우라늄 238.02891 6 / 1.2	Np 93 넵투늄 (237) 5 / 1.2	Pu 94 플루토늄 (244) 4 / 1.2	Am 95 아메리슘 (243) 3 / 1.2	Cm 96 퀴륨 (247)[a] 3 / 1.2	Bk 97 버클륨 (247) 3 / 1.2	Cf 98 칼리포르늄 (251)[a] 3 / 1.2	Es 99 아인시타이늄 (251) – / 1.2	Fm 100 페르뮴 (257) 3 / 1.2	Md 101 멘델레븀 (258) – / 1.2	No 102 노벨륨 (259) – / –	Lr 103 로렌슘 (262) – / –

대한 화학회 2008년 기준

소의 원자 번호는 1번이고, 그다음으로 가벼운 헬륨은 2번이 됩니다. 산소는 8번, 철은 26번, 우라늄은 92번입니다. 그림의 주기율표에서 각 칸에 들어 있는 원소 기호 위에 쓰여 있는 숫자가 바로 원자 번호입니다. 흔히 원소 기호 앞에 원자 번호를 함께 표기하기도 합니다. 산소($_{8}O$), 철($_{26}Fe$), 우라늄($_{92}U$)과 같이 말입니다.

주기율표에는 우라늄보다 무거운 원소들도 있습니다. 넵투늄($_{93}Np$), 플루토늄($_{94}Pu$) 등이 그것입니다. 이들은 자연계에서 안정적으로 존재하는 원소가 아니라 인공적으로 합성된 원소들입니다.

원소와 원자

원소와 비슷한 용어로 원자가 있습니다. 원소와 원자의 차이는 무엇일까요?

__같은 것 아닌가요?

학생들이 원소와 원자를 혼동하여 사용하는 경우가 많습니다만 엄밀하게는 다른 의미를 갖고 있습니다.

원소는 물질을 구성하는 기본 요소로, 더 이상 작은 물질로 분해되지 않는 것을 말합니다. 물론 원소는 하나의 원자로 구성되지만 입자라는 개념은 없습니다. 하지만 원자는 물질을 이루는 하나하나의 입자를 말하는 것입니다.

어떤 물질을 잘게 나눴을 때 그 물질의 고유한 성질을 가지면서 더 이상 나누어지지 않는 가장 작은 알갱이를 분자라고 합니다. 분자는 원자의 결합으로 이루어집니다. 그리고 이런 원자들이 서로 구별되는 알갱이를 원소라고 합니다.

한 종류의 원자로 이루어진 물질을 홑원소 물질(단체)이라고 하고, 여러 종류의 원자가 화합하여 이루어진 물질을 화합물이라고 합니다. 산소 기체는 산소 원자 2개, 오존은 산소 원자 3개로 이루어진 홑원소 물질이고, 물은 산소 원자 하나와 수소 원자 2개로 이루어진 화합물입니다.

원자의 구조

원소는 물질을 구성하는 최소 단위입니다. 하지만 원소를 구성하는 입자인 원자가 더 이상 쪼개지지 않는다는 것은 아닙니다. 실제로 물리학자들은 원자보다 더 작은 입자들을 찾아냈습니다.

톰슨(Joseph Thomson, 1856~1940)은 원자를 구성하는 입자인 전자를 발견하였습니다. 전자는 음전하를 띠고 있지요. 또 러더퍼드(Ernest Rutherford, 1871~1937)는 금박 원자에 방사선을 충돌시켜 원자 안에 작은 핵이 있음을 밝혀냈습니다. 이렇게 하여 원자는 원자핵과 전자로 이루어진다는 것을 알게 되었습니다.

그 후 원자의 핵 안에는 양전하를 갖는 양성자와 전하를 갖지 않는 중성자가 있다는 것을 발견하였습니다. 원자핵 내에

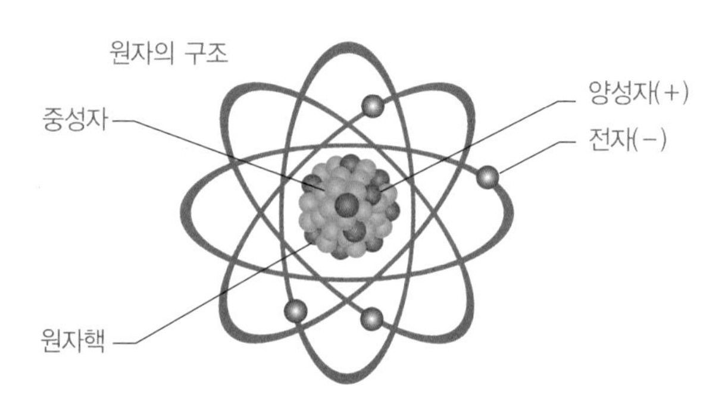

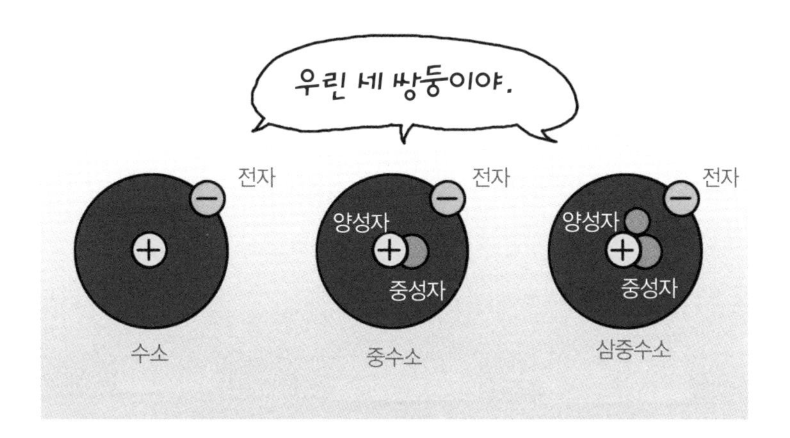

들어 있는 양성자와 중성자의 수는 가벼운 원자핵의 경우, 그 수가 서로 비슷합니다. 하지만 무거운 원자핵일수록 중성자의 수가 많아집니다.

많은 원자핵들 중에서 가장 가볍고 가장 단순한 구조를 가진 것은 수소의 원자핵입니다. 수소의 원자핵은 보통 양성자 하나로 이루어집니다. 하지만 극히 드물게(0.015%) 중성자를 1개(중수소) 또는 2개(삼중수소)를 갖고 있는 것도 있습니다. 이와 같이 양성자 수는 같지만 중성자 수가 다른 원소를 동위 원소라고 합니다. 동위 원소는 화학적 성질은 똑같고 질량만 다른 원소입니다.

수소 다음으로 간단한 원소는 헬륨입니다. 헬륨의 원자핵 안에는 대부분(99.9999%) 2개의 양성자와 2개의 중성자가 있

습니다. 하지만 헬륨의 경우도 중성자가 1개인 동위 원소가 극히 드물게(0.0001%) 있습니다.

그다음으로 간단한 원소는 리튬입니다. 리튬은 3개의 양성자와 3개(7.5%) 또는 4개(92.5%)의 중성자를 갖습니다.

탄소는 흔히 6개의 양성자와 6개(98.9%)의 중성자를 갖고 있습니다. 하지만 7개(1.1%)의 중성자를 갖는 경우도 있지요.

무거운 철의 원자핵은 보통(91.7%) 26개의 양성자와 30개의 중성자를 갖습니다. 하지만 중성자 수가 28개(5.8%)인 것도 있고 31개(2.2%), 32개(0.28%)인 것도 드물게 있습니다.

자연에서 발견된 가장 무거운 원소인 우라늄은 대개(99.3%) 92개의 양성자와 146개의 중성자를 갖습니다. 우라늄의 동위 원소는 중성자 수가 142개(0.005%)인 것과 143개(0.7%)인 것이 있습니다.

원자의 존재

여러분은 원자가 존재한다고 믿습니까?

__예!

여러분이 원자가 존재한다고 믿는 이유는 무엇입니까? 원자를 본 적이 있나요?

__아니요.

왜 우리는 눈에 보이지도 않는 원자의 존재를 믿어야 되고, 원자의 구조에 대한 설명을 들어야 하는 걸까요?

여러분은 아마 원자에 대한 이야기나 원자 모델의 그림을 본 적이 있을 것입니다. 하지만 원자가 실제로 그렇게 생긴 것은 아닙니다.

우리는 일상생활 속에서 원자를 직접 보거나 원자의 존재를 피부로 느끼지는 못합니다. 하지만 원자가 작용하는 현상은 우리 주변에서 많이 나타납니다. 텔레비전이나 컴퓨터의 작동, 우리 몸에서 일어나는 화학적 변화 등 일상의 많은 현상들이 원자와 관련된 것이지요.

원자는 매우 작아서 맨눈으로 볼 수 없을 뿐 아니라 보통의 현미경으로도 도저히 볼 수 없습니다. 하지만 원자로 이루어진 물질들은 눈으로 볼 수 있습니다.

일상에서 볼 수 있는 물질들은 엄청나게 많은 수의 원자로 이루어져 있습니다. 한 방울의 물방울 속에는 10^{21}(1조의 10억 배)개의 원자가 들어 있습니다. 이것은 지구상의 모든 강물을 이룰 수 있을 만큼 많은 양입니다.

만화로 본문 읽기

뭘 그렇게 열심히 관찰하고 있나요?
아, 가모 선생님!

이 볼펜을 구성하는 기본 물질은 뭘까 생각하고 있었어요.
모든 물질을 분해하다 보면 더 이상 분해할 수 없는 것들이 발견됩니다. 그것을 '화학 원소' 또는 간단히 '원소'라고 불러요.

원소요?
원소는 화학적인 방법으로 더 이상 분해할 수 없는 물질의 최소 단위랍니다.

과학자들은 이 원소를 영문자로 된 간단한 기호로 표기하기로 약속하였는데, 이것을 원소 기호라고 합니다.
수소H 헬륨He
리튬Li 탄소C 질소N
산소O 철Fe
구리Cu 납Pb
금Au 은Ag 우라늄U

원소 중에는 자연에서 발견되는 원소가 있고, 핵반응에 의해 생성된 인공 원소가 있는데, 이 원소들을 성질에 따라 배열해 놓은 표를 주기율표라고 해요.
표라면 한눈에 모든 원소들이 정리가 되겠네요?
주기율표

맞아요. 가벼운 것에서부터 무거운 순서로 늘어놓고 번호를 붙였는데, 이것을 원자 번호라고 해요. 가장 가벼운 수소가 원자 번호 1번이에요.
아, 그렇군요!
내가 가장 가볍지

두 번째 수업 2

원소에 숨겨진 비밀

세상 만물을 구성하는 원소는 90여 가지가 있습니다.
그런데 각각의 원소가 발견되는 양은 그 종류에 따라 크게 차이가 있습니다.
이런 현상은 왜 나타나는 것일까요?

2

두 번째 수업

원소에 숨겨진 비밀

교. 과. 연. 계.

중등 과학 1	5. 지각의 물질과 지표 확인
고등 지학 I	1. 하나뿐인 지구
고등 지학 II	4. 천체와 우주

가모가 원소의 종류에 따른
양의 차이를 이야기하며
두 번째 수업을 시작했다.

세상 만물을 구성하는 원소에는 90여 가지가 있습니다. 그런데 이들 각각의 원소가 발견되는 양은 종류에 따라 크게 차이가 납니다.

어떤 원소들은 유난히 많이 발견되는가 하면 또 어떤 원소들은 극히 드물게 발견됩니다. 심지어는 자연 상태에서 발견이 거의 불가능한 경우도 있습니다.

이런 차이는 어디에서 나오는 것일까요?

대기의 원소

먼저 우리가 살고 있는 주위부터 살펴볼까요?

우리는 넓고 넓은 우주에서 아주 작은 한 귀퉁이인 지구 표면에 살고 있습니다. 그리고 우리가 살고 있는 지구 표면은 대기로 덮여 있습니다.

이렇게 지구를 덮고 있는 대기 속에 가장 많은 원소는 무엇일까요?

__산소 아닌가요?

아닙니다, 질소입니다. 대기는 여러 가지 기체가 섞여 있는데, 그중에 가장 많은 기체는 질소입니다.

그러면 그다음으로 많은 원소는 무엇일까요?

__산소입니다.

맞습니다. 질소 다음으로 많은 것은 산소입니다.

부피로 따져 보면 대기의 78%는 질소이고, 21%는 산소입니다. 대기에는 그밖에도 아르곤과 네온, 헬륨, 탄소, 크립톤, 수소, 크세논 등의 원소가 들어 있습니다. 하지만 이들을 모두 합해도 1% 정도밖에 되지 않습니다.

지각의 원소

이번에는 우리가 발을 딛고 서 있는 땅을 살펴보도록 합시다.

지구의 딱딱한 바깥 표면층을 지각이라고 합니다.

그럼 지각에서 가장 많은 원소는 무엇일까요?

__ 철이요.

__ 탄소요.

답은 산소입니다.

지각의 대부분은 암석입니다. 암석의 주원료는 산화규소입니다. 산화규소는 규소의 산화물로, 규소와 산소가 결합한

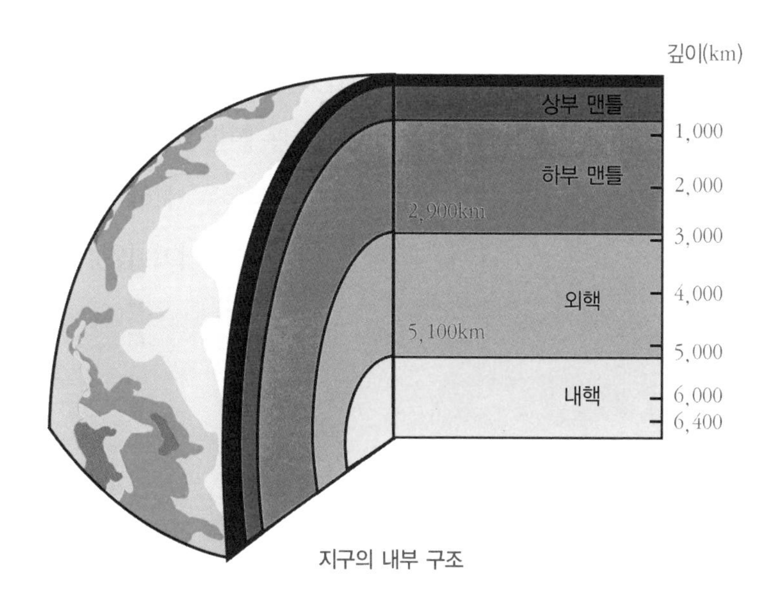

지구의 내부 구조

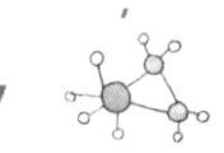

것입니다.

그렇다면 산소 다음으로 많은 원소는 무엇일까요?

__ 규소요.

그렇죠. 규소입니다. 규소는 반도체의 재료가 되는 아주 중요한 금속 원소입니다.

아래 그림은 지각을 구성하는 원소의 구성 비율을 나타낸 것입니다. 지각 내에 1%이상을 차지하는 원소는 모두 8개입니다. 이것을 지각의 8대 원소라고 하는데, 많은 것부터 순서대로 늘어놓으면 다음과 같습니다.

산소－규소－알루미늄－철－칼슘－나트륨－칼륨－마그네슘

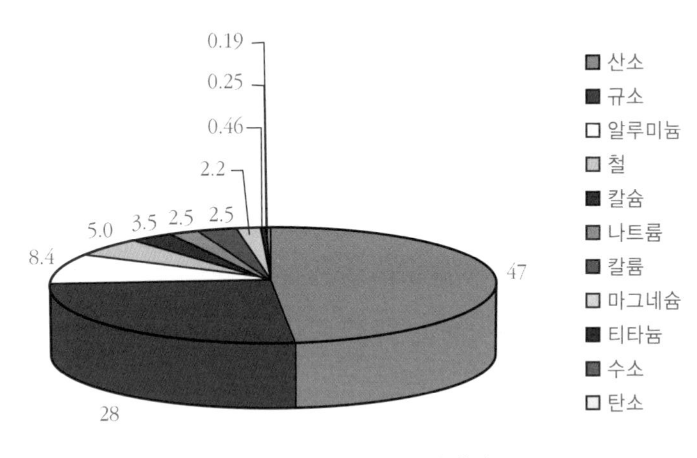

지각을 구성하는 원소의 구성비(%)

지구의 원소

지구에서 가장 많은 원소는 무엇일까요?

_…….

역시 산소입니다.

그다음으로 많은 원소는 무엇일까요?

_…….

철입니다. 지구에 철이 많은 이유는 지구의 중심에 있는 핵 속에 철이 많이 들어 있기 때문입니다. 지구가 처음 형성됐을 때 지구는 매우 뜨거워서 지구 내부가 녹아 있었고, 이때 철과 같이 무거운 금속 원소들이 중심으로 가라앉아서 지구의 핵 속에 철이 많은 것입니다.

지구에 있는 원소 중 그 양이 많은 것부터 순서대로 늘어놓으면 다음과 같습니다.

산소(O) — 철(Fe) — 마그네슘(Mg) — 규소(Si)

_가모 선생님, 질문이 있는데요? 지구 표면의 $\frac{2}{3}$를 바다가 덮고 있잖아요. 그렇다면 물을 이루는 수소도 많아야 되는 것 아닌가요?

음, 좋은 질문이군요. 물은 산소와 수소의 화합물이니까 수소도 많아야 한다는 뜻이죠?

__예.

지구 표면에서 보면 그 말은 맞습니다. 하지만 바다의 평균 깊이는 3.8km 정도밖에 되지 않는 반면, 지구의 반지름은 6,400km나 됩니다. 따라서 바다의 깊이를 지각이나 핵의 두께에 비교하면 그것은 접시의 물에 비유할 수 있을 정도로 얇은 것입니다. 그래서 원소의 양에 큰 영향을 미치지 못하는 것이지요.

생명체의 원소

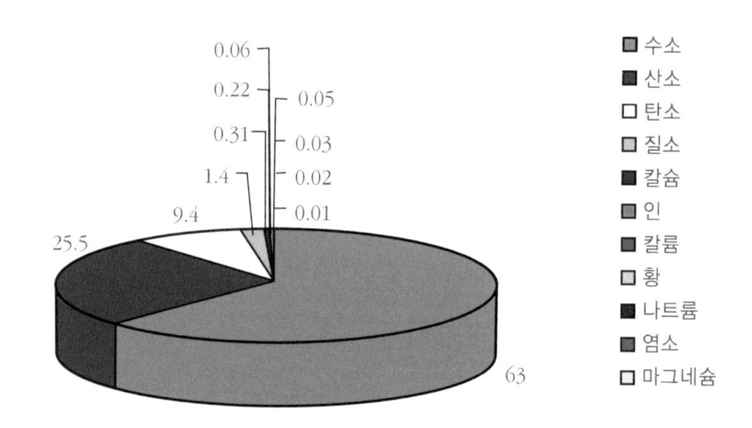

우리 몸을 구성하는 원소의 비율(%)

우리 몸도 다른 물질과 마찬가지로 원소로 구성되어 있습니다.

우리 몸속에 가장 많은 원소는 무엇일까요?

__탄소요.

__아니요, 산소예요.

답은 수소입니다. 왜냐하면 우리 체중의 60%가 물로 이루어졌기 때문입니다. 또한 물 분자 하나에 2개의 수소 원자가 들어 있으므로 우리 몸에 수소가 가장 많은 것입니다.

우주의 원소

우주에서 가장 많은 원소는 무엇일까요?

__철입니다.

__산소가 아닐까요?

__탄소예요.

모두 아닙니다. 답은 수소입니다.

수소는 우주에서도 가장 풍부한 원소입니다. 수소는 우주에 존재하는 총 원자 수의 87%를 차지하며, 총 질량의 $\frac{3}{4}$ 정도를 차지하고 있습니다.

그렇다면 수소 다음으로 많은 원소는 무엇일까요?

바로 헬륨입니다. 헬륨은 총 원자 수의 약 7%, 총 질량의 거의 $\frac{1}{4}$을 차지하고 있습니다.

그런데 우주에 수소가 제일 많다는 것은 과연 어떻게 알았을까요?

우주에 수소 원소가 많다는 사실은, 1920년대 영국에서 미국 하버드 대학교 천문학과로 유학 온 페인(Cecilia Payne, 1900~1979)에 의해 처음 발견되었습니다.

페인은 망원경으로 약한 별빛을 오랜 시간 동안 모아 조사

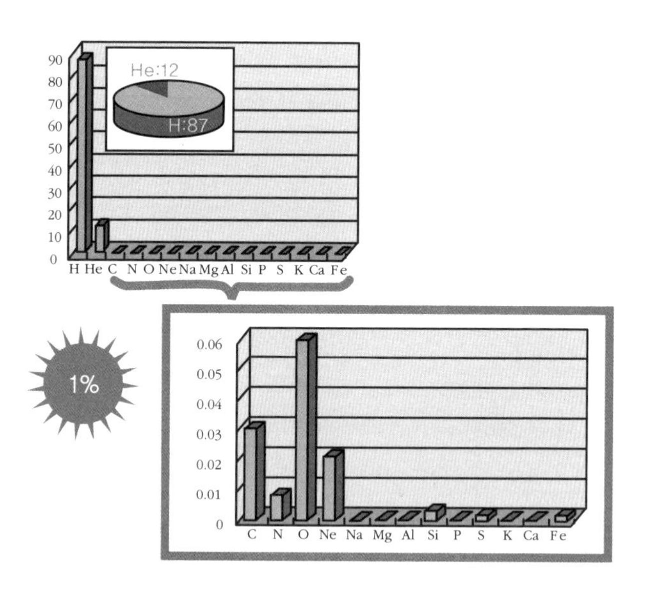

우주를 구성하는 원소의 비율(%)

해 본 결과, 어느 별에서나 수소의 스펙트럼이 강하게 나타나는 것을 발견했습니다. 이것은 별이 대부분 수소로 이루어져 있다는 사실을 암시하는 것이었습니다. 한편 천체 물리학자들은 태양을 조사해 보았습니다. 태양도 수소 92%와 헬륨 8%로 이루어져 있었으며 탄소, 질소, 산소, 철 등은 아주 조금밖에 들어 있지 않았습니다.

별의 구성 성분은 태양과 별로 다르지 않습니다. 별과 별 사이의 공간을 채우고 있는 엷은 기체 구름도, 은하와 은하 사이의 텅 비어 보이는 공간도 마찬가지입니다.

우주 공간 어디에서나 수소와 헬륨이 압도적으로 많습니다. 수소와 헬륨을 제외한 그밖의 원소들은 모두 합해도 전

체의 약 1% 정도에 불과합니다.

우주에서 가장 많은 원소는 가장 가벼운 수소이고, 그다음으로 많은 원소는 수소 다음으로 가벼운 헬륨입니다. 원소는 가벼운 원소에서 무거운 원소로 갈수록 그 양이 줄어드는 특징을 보이고 있습니다. 왜 무거운 원소일수록 그 양이 줄어드는 걸까요?

지구에는 탄소나 산소, 철과 같은 원소가 풍부한 반면 왜 우주에는 풍부하지 않은 걸까요?

지구에 가장 많은 금속 원소는 철입니다. 철은 우주에서도 다른 금속 원소보다 풍부합니다. 그 이유는 또 뭘까요?

우주의 팽창

미국의 천문학자 허블(Edwin Hubble, 1889~1953)은 망원경으로 우주를 관측하던 중 매우 놀라운 사실을 발견하였습니다. 그것은 은하들이 우리로부터 매우 빠른 속도로 멀어지고 있다는 것입니다. 더구나 멀리 있는 은하일수록 더 빠른 속도로 멀어지고 있었습니다. 그것은 우주가 빠른 속도로 팽창하고 있다는 것을 의미하지요.

화학 원소의 기원

우주를 이루고 있는 물질의 대부분은 수소와 헬륨이며, 이보다 무거운 원소들이 얼마 없다는 점과 우주의 팽창 사이에는 전혀 연관이 없어 보입니다.

하지만 나는 여기에 놀라운 비밀이 숨어 있음을 알아내었습니다. 나는 무거운 원소의 원자핵이 핵융합 과정을 통해 가벼운 원소의 원자핵으로부터 만들어진다는 것을 알고 있었습니다. 그리고 이러한 핵융합이 일어나려면 엄청나게 높은 온도를 필요로 한다는 것도 알았습니다.

우주가 시작되던 시점에 대폭발(Big Bang)이 있었고, 원초적 물질이 팽창하고 냉각되는 과정을 통해서 단계적으로 원소가 만들어졌다고 생각했습니다.

그리하여 나는 제자 알퍼와 함께 원소의 기원에 대한 가설을 검토한 결과 〈화학 원소의 기원(The Origin of Chemical Elements)〉이라는 제목의 논문을 발표하였습니다.

그때 나는 아주 재미있는 생각이 떠올랐습니다. 알퍼는 그리스 어의 첫 번째 문자 알파(α)와 유사합니다. 그리고 내 이름 가모는 그리스 어의 세 번째 문자 감마(γ)와 유사하죠. 만약 여기에 그리스 어의 베타에 해당하는 사람만 있으면 내 논

문의 공동 저자는 영어의 abc에 해당하는 $\alpha\beta\gamma$가 되겠다고 생각한 것입니다.

마침 내가 아는 동료 연구원 중에 그리스 문자 베타(β)와 유사한 이름을 가진 한스 베테가 있었습니다. 나는 베테에게 논문의 공동 저자로 참여해 달라고 부탁하였지요.

그래서 내가 발표한 논문은 알파-베타-감마(알프, 베테, 가모) 이론으로도 알려지게 되었습니다.

만화로 본문 읽기

선생님, 자연계에 존재하는 원소는 대략 90여 종이 있다고 하셨잖아요. 그럼 원소의 양은 서로 비슷한가요?
아니에요. 어떤 원소는 유난히 많고, 어떤 원소들은 극히 드문 양이 발견됩니다.
어느 정도 차이가 나는 건가요?

대기의 부피로 따져 보면 질소가 78%, 산소가 21%, 그 밖에도 아르곤과 네온, 헬륨, 탄소, 크립톤, 수소, 크세논 등이 있지만 다 합쳐야 1% 정도밖에 안 돼요.
21%
78%
산소
기타
질소

우리가 발을 딛고 서 있는 땅의 경우, 지각을 구성하는 원소 중 가장 많은 것은 무엇일까요?
많은 기체로 구성되었군요!
철이요.

답은 산소예요. 그 다음으로는 규소이고요. 지각의 대부분은 암석으로 이루어져 있는데, 암석의 주원료는 산화규소로 규소와 산소가 결합한 것입니다.
탄소요.
나는 대부분 산화규소로 되어 있지!

그렇군요.
우주에서 가장 많은 원소는 가장 가벼운 수소로 87%를 차지하고, 그다음으로 많은 원소는 헬륨으로 7% 정도를 차지합니다.
가장 많은 원소는 수소
그럼 우주의 구성 물질은 뭔가요?

우주가 시작되던 시점에 대폭발이 있었고 원초적 물질이 팽창하고 냉각되는 과정을 통해서 수소와 헬륨 같은 가벼운 원소부터 단계적으로 만들어졌지요.
아~!

세 번째 수업 3

빅뱅, 우주의 탄생

우주 탄생에 대한 이론에는 정상 우주론과 빅뱅 우주론이 있습니다.
정상 우주론과 빅뱅 우주론은 어떤 차이점을 지니고 있을까요?

3

세 번째 수업

빅뱅, 우주의 탄생

교. 과. 연. 계.	고등 지학 II	4. 천체와 우주

가모가 학생들에게 빅뱅 이론을 들려준다는 사실에 즐거워하며 세 번째 수업을 시작했다.

드디어 세상을 뒤바꿔 놓았던 빅뱅 이론에 대해서 이야기할 시간이 왔군요.

나의 빅뱅 이론을 간단하게 말하면 다음과 같습니다.

"우주는 상상을 초월하는 대폭발로 시작되었고, 식어 가는 우주에서 세상의 만물을 형성하는 모든 원소가 생겨났다."

빅뱅 이론은 인류가 궁금해하던 '우주가 어떻게 생겨났는가?', '만물이 어떻게 생겨났는가?'를 설명하는 최초의 과학 이론입니다.

이것은 그전에 어느 누구도 하지 못했던 일입니다. 내가 이

러한 생각을 처음 해냈다는 것이 지금도 믿기지 않는군요. 지금 생각해도 이런 생각을 해낸 나 자신이 자랑스럽습니다.

빅뱅 우주론

우주는 지금으로부터 적어도 100억 년 전에 갑자기 대폭발(Big Bang)을 일으켰습니다. 대폭발을 시작한 우주는 처음에 작은 한 점에 불과했습니다.

우주의 온도는 수백억 ℃가 넘는 엄청나게 뜨거운 불덩어리였는데 이렇게 뜨거운 상태에서는 물질이 있을 수 없었고, 오로지 열과 에너지만 있었습니다.

대폭발을 시작한 우주는 엄청나게 빠른 속도로 팽창하며 커지기 시작했습니다. 이렇게 팽창한 우주는 바람을 불어넣으면 커지는 풍선에 비유할 수 있습니다. 하지만 우주의 팽창은 풍선이 커지는 것과는 엄연히 다릅니다. 풍선은 이미 존재하는 공간 속으로 커지는 것이지만, 우주의 팽창은 공간 자체를 만들어 내는 팽창입니다. 그때 우주 밖에는 아무것도 없었으니까요.

우주는 커지면서 식어 갑니다. 우주가 어느 정도 식어 가자 물질을 만드는 태초의 입자들이 생겨나기 시작합니다. 이들은 스스로 붕괴되기도 하고 다른 입자로 바뀌기도 하는 등 여러 가지 복잡한 변화를 계속합니다.

우주의 온도가 더욱 내려가자 마침내 원자를 구성하는 요소인 양성자와 중성자, 전자 등이 만들어집니다. 그리고 이 원자핵들이 서로 뭉쳐, 보다 무거운 헬륨이 만들어집니다. 다음에는 헬륨이 뭉쳐서 탄소가 만들어지지요.

이와 같이 핵융합 반응은 연쇄적으로 일어납니다. 가장 단순한 수소의 원자핵으로 세상에 존재하는 모든 원소의 원자핵들이 만들어집니다.

이러한 반응을 보면 무거운 원소가 많지 않은 것은 당연합니다. 먼저 가벼운 원소의 원자핵이 만들어져야 더 무거운

원소의 원자핵이 만들어질 수 있기 때문입니다.

우주가 충분히 식으면 원자핵들은 다시 전자들과 결합하여 안정된 각종 원소를 만들어 냅니다. 이렇게 만들어진 원소는 다시 태양이 되고, 별이 되고, 지구나 목성과 같은 행성의 재료가 됩니다.

그런 후 원소들은 행성에서 원시 생명체의 재료로 쓰이고, 또 나중에는 온갖 동물과 식물 등 세상 만물을 구성하는 재료가 된 것입니다.

이상이 내가 빅뱅 이론에서 주장한 것으로, 우주의 탄생과 모든 만물이 나타나게 된 과정입니다.

정상 우주론

내가 빅뱅 우주론을 발표하자 내 이론에 대해 반론을 제기하는 사람들이 나타났습니다.

그중에서도 가장 말이 많았던 사람은 영국의 물리학자 호일(Fred Hoyle, 1915~2001)이었습니다. 호일은 나의 빅뱅 우주론에 대항하는 우주론을 만들었습니다. 호일은 우주가 팽창하고 있지만 항상 비슷한 모습이라고 주장했습니다.

'우주는 늘 같은 상태를 유지하며 결코 변하지 않는다'라는 이론을 정상 우주론이라고 합니다. 이에 비해 빅뱅 우주론은 우주가 시간이 지남에 따라 진화한다고 보는 진화 우주론입니다.

호일은 유머 감각도 있고 빈정대기도 잘하는 친구였습니다. 그는 자신의 우주론 이야기를 하다가 나의 빅뱅 우주론을 빗대어 '어느 날 갑자기 우주가 쾅(bang) 하고 터졌다'는 우주론도 있더라며 비아냥거렸습니다.

그 바람에 내가 근사하게 보이려고 베테까지 끌어들여 이름 붙인 '알파베타감마 이론'은 '빅뱅 이론'으로 더 유명해지고 말았습니다. 이것은 기존의 이름보다 더 큰 인기를 끌었습니다. 처음에는 마음에 안 들었지만 이제는 나도 '빅뱅 우주론'이라는 말이 더 마음에 듭니다. 그래서 나는 한때 나의 적이었던 호일에게 고맙게 생각하고 있습니다.

어느 우주론이 옳은가?

만약 여러분이 그 당시에 살고 있었고 두 우주론 중 어느 이론이 더 옳은지 골라야 했다면, 여러분은 어느 쪽을 선택

했을까요?

__빅뱅 이론이요.

그럴까요? 아마 아닐 겁니다. 왜냐하면 사람들 마음속에는 우주가 한결같으리라는 막연한 믿음이 있기 때문입니다.

대부분의 사람들은 '우주가 이렇게 평온한데, 어떻게 갑자기 대폭발을 할 수 있겠는가?'라고 생각할 것입니다. 그래서 나는 처음부터 이 싸움이 쉽지 않을 거란 생각이 들었습니다.

아마 어느 이론이 옳은가를 사람들의 투표에 의해 결정했다면 분명히 내가 졌을 겁니다. 그나마 다수결로 결정하지 않은 게 다행이었죠.

과학 이론의 옳고 그름은 과학적 증거로 판단합니다. 올바른 과학 이론은 어떤 현상이 생길 것을 타당한 증거를 통해 예측하거나 정확한 수치 값을 분명하게 제시할 수 있어야 합니다.

그럼 정상 우주론에서는 어떤 예측을 하고 있는지 알아볼까요?

정상 우주론에서는 우주의 평균 밀도가 언제나 일정하며, 우주의 모습은 평균적으로 변하지 않는 상태(정상 상태)에 있다고 주장합니다.

그러나 우주는 허블이 관측한 대로 팽창하고 있으므로 정상

우주론에서도 우주의 팽창을 인정하지 않을 수는 없었지요.

그렇다면 정상 우주론에서는 우주가 팽창하여 공간이 늘어나는데 어떻게 우주의 밀도가 일정하다고 말하는 걸까요? 그것은 우주의 팽창으로 우주의 밀도가 감소하는 몫만큼 새로 생겨나는 공간 속에서 새로운 물질이 계속해서 생겨난다고 가정하고 있기 때문입니다.

그러니까 따지고 보면 정상 우주론이든 빅뱅 우주론이든 물질이 새로 생겨난다고 주장하고 있는 건 같습니다. 단지 한꺼번에 생겨나느냐 끊임없이 생겨나느냐 하는 차이가 있을 뿐이지요.

그러면 어느 우주론이 맞는지 어떻게 판별할 수 있을까요?

__물질이 정말 우주 공간에서 새로 생겨나는지 관측하면

되지 않나요?

그렇죠. 그런데 그게 불가능했습니다. 우주가 어마어마하게 커져 버려서 물질이 생성되는 비율이 너무 낮았기 때문입니다. 10억 년 동안에 $1m^3$의 우주 공간에서 수소 원자 1개만 생기면 되었거든요. 이건 도저히 관측할 수 없는 양입니다.

이게 얼마나 적은 양인지 알기 쉽게 예를 들어 보죠.

대기 $1m^3$ 안에 공기 분자가 몇 개나 들어 있을까요?

__잘 모르겠는데요.

적어도 10^{25}개 정도 들어 있습니다. 이것은 정상 우주론에서 예측하는 1개보다 무려 10조 배의 다시 1조 배만큼이나 많은 것입니다. 그런데 정상 우주론에서는 그것이 10억 년 동안에 생기면 된다고 말하는 것입니다.

따라서 정상 우주론이 맞다고 말할 수도 없지만 틀렸다고 말할 수도 없는 것이죠. 이건 불공평합니다.

그러면 빅뱅 이론은 어떤가요? 빅뱅 이론도 예측을 하고 있습니다. 물질을 구성하는 원소들이 빅뱅 때 핵융합으로 생겨났다는 것이죠.

그런데 여기서 내가 실수를 했더군요. 빅뱅 때 모든 원소들이 만들어진다고 말해 버린 것입니다. 내 이론을 반대하는 사람들은 이 부분을 물고 늘어졌습니다. 가장 가벼운 수소로부터 핵융합 반응을 통하여 헬륨, 리튬, 베릴륨, 붕소와 같은 가벼운 원소의 원자핵을 만드는 것은 가능할지 몰라도 무거운 원소의 원자핵을 만들기에는 무리가 있다는 것입니다.

예를 들어, 탄소의 원자핵은 헬륨의 원자핵 3개가 동시에 만날 때에만 만들어질 수 있습니다. 그런데 그런 일이 일어날 확률이 너무 희박하다는 것이죠. 게다가 우주는 팽창하면서 빠르게 식어 가고 있었기 때문에 시간적으로 무거운 원자핵이 만들어질 수 없다는 것입니다.

그렇게 되면 무거운 원소일수록 그 존재량이 급격히 줄어들어야 합니다. 하지만 발견된 원소의 양은 그렇게 급격하게 줄어들지 않았습니다.

또 다른 문제는 내 이론이 탄소나 규소, 황보다 훨씬 무거운 원소인 철이 왜 우주에 유별나게 많은지를 설명해 주지 못한다는 것입니다.

더욱 나쁜 소식은 별 속에서 무거운 원소가 만들어진다는 것이었습니다. 나의 간청에 의해 논문의 공동 저자로 참가했던 베테는 새로운 실험을 하였습니다. 결국 그는 수소가 헬륨으로 융합되는 반응에서 태양이 에너지를 얻는다는 것을 증명하였습니다.

이것은 다시 말해서 빅뱅이 아니어도 원자핵의 합성이 가

능하고 무거운 원소가 만들어질 수 있다는 것을 뜻합니다. 이를테면 탄소는 별이 생긴 후 그 중심부에서 일어난 핵융합 반응에 의해서 만들어진다는 것입니다.

이렇게 해서 사람들은 정상 우주론을 더 옳다고 생각하게 되었으며, 빅뱅 이론은 힘을 잃고 사람들의 관심으로부터 멀어지게 되었습니다.

새로운 증거

그런데 1960년대에 들어서면서 이런 분위기가 역전될 희망이 보이기 시작했습니다. 바로 새롭게 등장한 전파 망원경 덕분이었습니다.

전파 망원경은 광학 망원경(보통의 망원경)과 다릅니다. 광학 망원경은 천체로부터 오는 빛을 통해서 관측하는 것이지만, 전파 망원경은 천체로부터 오는 전파를 통해서 관측하는 것입니다.

전파 망원경은 제2차 세계 대전 때 독일의 로켓 공격을 미리 감지하기 위하여 영국에서 개발한 레이더를 우주 관측에 활용한 것입니다. 나는 전쟁을 무척이나 싫어하는데, 전쟁도

광학 망원경 전파 망원경

우리 삶에 도움이 되는 면이 있다는 점이 놀랍더군요.

전파 망원경으로 우주를 관측해 본 결과, 보통 망원경으로는 무심히 보아 넘겼던 은하들이 눈에 들어왔습니다. 이들은 보통의 은하들과는 달리 전파를 강하게 방출하는 은하였습니다. 이런 은하를 전파 은하라고 하지요.

전파 은하는 가까이 있는 은하가 아니라 멀리 떨어져 있는 은하입니다. 더구나 먼 곳일수록 더 많은 전파 은하들이 발견되었습니다. 이것이 의미하는 바가 뭘까요?

거꾸로 말하면 가까이에는 전파 은하가 없다는 뜻입니다. 그러면 전파 은하가 가까이에 없고 멀리에 있다는 것은 무엇

을 뜻하는 걸까요?

전파 은하가 과거로 갈수록 많다는 것을 뜻합니다. 은하들은 가까이 있다 해도 보통 수백만 광년 거리에 있습니다. 1광년은 빛이 1년 동안 가는 거리입니다.

빛의 속도는 우주에서 가장 빠릅니다. 빛은 1초에 30만 km를 나가는데, 이것은 지구를 7바퀴 반 도는 속도입니다. 빛은 달까지 가는 데 1.2초, 태양까지 가는 데도 8분 20초밖에 걸리지 않습니다.

수백만 광년 거리라는 것은 그 은하에서 출발한 빛이 우리 눈에 도착하는 데까지 수백만 년이 걸린다는 뜻입니다. 따라서 우리가 보게 되는 은하의 빛은 이미 수백만 년 전에 그 은하를 출발했던 빛입니다. 결국 우리는 수백만 년 전, 과거의 빛을 보고 있는 셈입니다.

따라서 먼 거리에서 전파 은하가 더 많이 발견되었다는 것은 과거로 거슬러 올라갈수록 더 많은 전파 은하가 있었다는 것을 말해 줍니다.

전파 은하는 매우 활동적인 은하입니다. 이것은 과거의 우주가 더 활발했다는 것을 말해 주며, 과거의 우주는 현재의 우주와 다르다는 것을 증명하고 있는 것입니다.

전파 망원경에 의해 또 다른 천체도 발견되었습니다. 그것은 퀘이사라 불리는 아주 특이한 천체였습니다. 그것을 왜 특이하다고 하느냐면 크기는 별처럼 작은 듯한데 1,000억 개의 별을 가진 은하보다도 더 강렬한 빛과 전파를 방출하기 때문입니다.

퀘이사는 처음에 우리 은하 내에 있는 보통 별로 생각되었습니다. 하지만 그게 아니었습니다. 퀘이사는 우리 은하 너머 수십억 광년 이상 떨어진 우주 끝에 있는 천체였던 것입니다. 그래서 퀘이사는 천문학자들의 비상한 관심을 끌었습니다.

오늘날 퀘이사의 정체는 우주가 생성되고 얼마 안 되어 만

들어진 젊은 은하의 핵으로 밝혀지고 있습니다. 퀘이사 역시 가까이에서는 발견되지 않으며 먼 거리에서 더 많이 발견됩니다. 그것은 퀘이사가 과거에 존재하던 천체라는 것을 보여 주며, 과거의 우주와 현재의 우주가 아주 다르다는 것의 좋은 증거가 되고 있습니다.

대폭발의 메아리 : 우주 흑체 복사

하지만 이것은 빅뱅 이론의 부활을 알리는 전주곡에 불과했습니다. 얼마 안 있어 빅뱅 이론을 지지하는 강력한 증거가 발견되었습니다. 우주 흑체 복사라 불리는 대폭발 때 방출된 태초의 빛이 발견된 것입니다.

모든 과학 이론이 그렇듯 빅뱅 이론도 몇 가지 중요한 예측을 하고 있었습니다. 우주 흑체 복사는 그중의 하나입니다. 그것이 대체 뭐냐고요?

좀 쉽게 말해 보죠. 만약 건물이 폭발하여 모든 것이 무너져 내리고 그것이 시야에서 사라졌다면 어떻게 될까요? 우리가 그 순간을 보지 못했다고 해서 폭발이 있었다는 것을 알 수 없을까요?

__아니요, 알 수 있어요.

그렇죠. 폭발 뒤에는 그 흔적이 남을 테니까요.

그렇다면 우주의 대폭발은 어떨까요? 건물도 흔적이 남는데 하물며 우주의 대폭발 흔적이 없겠습니까?

빅뱅 이론은 우주가 수백억 ℃가 넘는 고온에서 대폭발을 일으켰고 그 여파로 지금도 팽창을 계속하고 있다는 것입니다. 하지만 그 후 우주는 계속 식어 가고 있다고 합니다. 이제는 우주가 대폭발을 일으킨 지 100억 년도 넘었기 때문에 불덩어리였던 우주가 싸늘하게 식어 버렸습니다. 현재 우주의 평균 온도는 약 3K(−270℃) 정도일 것으로 추정됩니다.

그동안에 어떤 일들이 있었을까요?

빅뱅 후 얼마 동안 우주는 아주 뜨겁고 혼돈스러운 상태에 있어서 빛조차 자유롭지 않았습니다. 하지만 우주의 온도가 3,000K 정도로 식자 빛은 우주 공간을 자유롭게 돌아다닐 수 있게 되었고, 이것은 빅뱅 후 약 10만 년이 지난 시점에야 가능했습니다. 이 빛은 우주가 팽창하면서 계속 우주 공간 전체로 퍼져 갑니다. 우주가 커지고 있기 때문에 빛의 파장도 점점 길어집니다.

만일 여러분이 산꼭대기에 올라가 계곡을 향해 소리를 지르면 어떻게 됩니까? 그 소리는 계곡에 부딪쳐 계속 울리다

가 점점 작아지지요. 이것이 메아리입니다.

이와 같이 태초에 생긴 빛은 우주가 팽창함에 따라 파장이 계속 길어져서 오늘날 우주를 가득 채우고 있을 것으로 예측할 수 있습니다. 이것이 우주에 남아 있는 대폭발의 흔적, 대폭발의 메아리인 셈입니다. 이것을 우주 흑체 복사라고 합니다.

우주 흑체 복사의 발견

우주 흑체 복사는 1964년에 우연히 발견되었습니다. 미국 벨 연구소의 연구원이었던 펜지어스(Arno Penzias, 1933~)와 윌슨(Robert Wilson, 1936~)은 고감도 전파 검출기로 장거리 통신 실험과 전파 발생원 탐사를 하다가 전파 잡음을 발견하였습니다.

그들은 처음에 이 전파 잡음을 없애려고 노력했지만 도저히 없앨 수가 없었습니다. 더구나 전파 잡음은 어떤 특정한 방향에서 오는 것이 아니고 하늘의 모든 방향에서 나타나는 것이었습니다. 그들은 이 전파 잡음의 정체가 무엇인지 궁금해하다가 이것이 우주 흑체 복사라는 사실을 알게 되었습니다.

이 사실을 일깨워 준 사람은 피블스(Jim Peebles, 1935~)였습니다. 피블스는 디케(Robert Dicke, 1916~1997)와 함께 내가 빅뱅 이론을 주장했던 이유와는 정반대의 이유에서 태초에 빅뱅이 있었을 것으로 추정하고 있었습니다.

나는 빅뱅을 주장하면서 모든 원소가 빅뱅으로 만들어진다고 주장했었지요. 하지만 별 속에서 무거운 원소가 만들어지는 것이 밝혀지면서 반대 의견에 부딪치게 되었습니다.

그런데 디케와 피블스는 별 속에서 계속 무거운 원소가 만들어진다는 것을 알고 있음에도 불구하고 우주에 수소와 헬륨이 대부분인 것이 이상하다고 생각하였습니다. 이것은 우주가 어떤 시작점을 갖고 있으며, 그 수명이 영원하지 않다

는 것을 말해 준다는 것입니다. 그래서 그들 역시 우주 흑체 복사가 있을 것이라고 생각했던 것입니다.

그들은 그것을 찾기 위해 윌킨슨과 롤에게 전파 망원경을 제작하게 하였습니다. 그러던 차에 펜지어스와 윌슨이 우주 흑체 복사를 발견했던 것입니다. 발견된 우주 흑체 복사는 내가 예측했던 값과 비슷했습니다. 그 빛은 파장이 7.2cm인 전파이고, 온도는 3.5K였습니다.

펜지어스와 윌슨은 우주 흑체 복사를 발견한 공적으로 1978년도에 노벨 물리학상을 받았답니다. 그때 나는 이미 이 세상 사람이 아니었습니다. 나는 우주 흑체 복사가 관측되고 4년 후에 세상을 떠났으니까요. 그래서 나는 노벨상을 수상하지 못했습니다. 노벨상이 좀 더 빨리 수여되었더라면 하는 아쉬움이 남긴 하죠. 과학자라면 누구나 노벨상을 받고 싶어 하니까요. 하지만 그래도 만족합니다. 어쨌든 나의 빅뱅 우주론이 옳다는 것이 만천하에 입증되었으니까요.

우주 흑체 복사는 다른 관측자들에 의해서도 확인되었고, 미국항공우주국(NASA)에서 발사한 코비(COBE: Cosmic Background Explorer)에 의해 아주 정밀하게 측정되었습니다.

이로써 빅뱅 우주론은 흔들리지 않는 기반을 얻게 되었습니다. 우주가 한결같았다고 주장한 정상 우주론에서는 과거

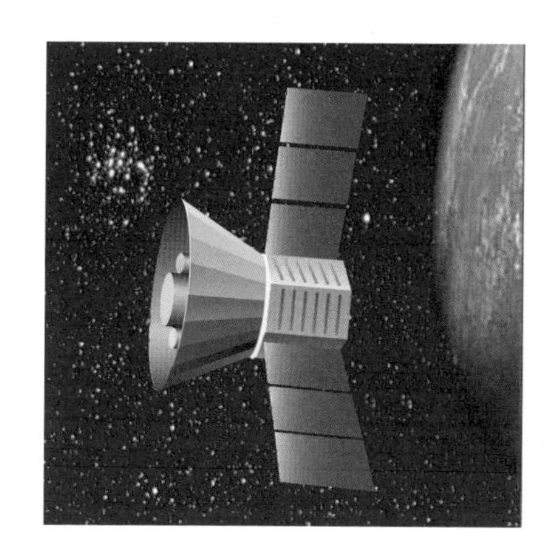

우주 흑체 복사 탐사선(COBE)

에 특별히 뜨겁고 밀도가 높았던 상태가 없었기 때문에 우주 흑체 복사를 설명하기 어려웠던 것입니다.

과학자들은 나의 빅뱅 이론에 대해 진지하게 연구하기 시작하였고, 나는 세계적인 유명 인사가 되었습니다.

빅뱅 우주론과 정상 우주론의 대결은 미국과 영국의 대결이기도 했는데, 빅뱅 우주론이 이김으로써 우주론의 주도권은 미국으로 넘어가게 되었습니다.

만화로 본문 읽기

선생님, 우주는 어떻게 만들어진 건가요?
'우주는 대폭발로 시작되었고, 식어 가는 우주에서 세상의 만물을 형성하는 모든 원소가 생겨났다'는 것이 내가 만든 빅뱅 이론이에요.

빅뱅 이론이요?
빅뱅 이론은 우주에 대한 인류의 궁금증을 설명하는 최초의 과학 이론이지요. 지금 생각해도 이런 생각을 해낸 나 자신이 자랑스럽습니다.

우주는 약 100억 년 전에 갑작스런 대폭발을 일으켰어요. 이때 우주는 엄청나게 뜨거운 불덩어리였는데, 물질이 없고 오로지 열과 에너지만 있었습니다.

대폭발을 시작한 우주는 작은 한 점이다가 점점 커지면서 식어 갔고, 물질을 만드는 태초의 입자들이 생겨나기 시작했어요. 이들은 여러 가지 복잡한 변화를 계속했지요.
빅뱅
복잡한 변화
현재의 우주탄생
변화 후 입자들은 어떻게 되었나요?

우주의 온도가 더욱 내려가면서 이 입자들은 원자를 구성하는 요소가 만들어지고, 핵융합 반응이 연쇄적으로 일어납니다.

이렇게 만들어진 원자핵이 결합하면서 새로운 원소를 만들고, 이 원소는 태양과 행성의 재료가 된다는 게 내가 빅뱅 이론에서 설명하는 우주 탄생의 과정이지요.
정말 대단하세요.

네 번째 수업 4

가벼운 원소는 어떻게 생겨났나?

우주는 대부분 수소와 헬륨으로 이루어졌습니다.
수소와 헬륨처럼 가벼운 원소는 어떻게 생겨났을까요?

4

네 번째 수업

가벼운 원소는 어떻게 생겨났나?

교. 고등 지학 II 4. 천체와 우주
과.
연.
계.

가모가
빅뱅에 대한 이야기로
네 번째 수업을 시작했다.

지금으로부터 약 100억 년 전, 우주는 대폭발(빅뱅)을 일으키며 빠르게 팽창하였고 동시에 급속히 식어 갔습니다. 불덩어리 우주는 물질은 없고 열과 에너지로 가득 차 있었습니다.

우주가 어느 정도 식으면 태초의 입자가 생겨납니다. 이들은 복잡한 변환 과정을 거쳐 마침내 원자를 만드는 요소인 양성자와 중성자, 전자가 됩니다. 양성자는 바로 수소의 원자핵입니다.

핵융합의 시작

빅뱅 후 약 1분이 지나면 양성자와 중성자가 뭉쳐 더욱 무거운 원자핵이 만들어지는 핵융합이 시작됩니다.

먼저 수소의 원자핵들이 서로 뭉쳐서 보다 무거운 헬륨의 원자핵이 만들어집니다. 수소의 원자핵은 양성자가 하나이지만 헬륨의 원자핵은 양성자 2개와 중성자 2개로 이루어집니다. 이때 생겨난 수소와 헬륨의 핵은 팽창하는 공간으로 퍼져 나가게 됩니다. 이에 따라 수소와 헬륨의 밀도는 급격

빅뱅: 우주는 대폭발과 동시에 급속히 식어 가면서 물질을 만들었다.

히 감소합니다.

수소나 헬륨이 충돌해서 리튬이나 베릴륨과 같은 더 무거운 원소가 만들어지기도 하지만 그 수는 얼마 되지 않습니다. 우주는 계속 팽창하고 있으므로 온도가 내려가 무거운 원소가 만들어지기 어렵게 됩니다.

우주 탄생 후, 약 3분이 지나면 우주의 온도는 대략 10억 K까지 떨어집니다. 우주의 온도가 이렇게까지 떨어지면 이제 더 이상 원자핵의 합성이 어려워집니다. 무거운 원자핵일수록 더 높은 온도를 필요로 하기 때문입니다. 이 때문에 무거

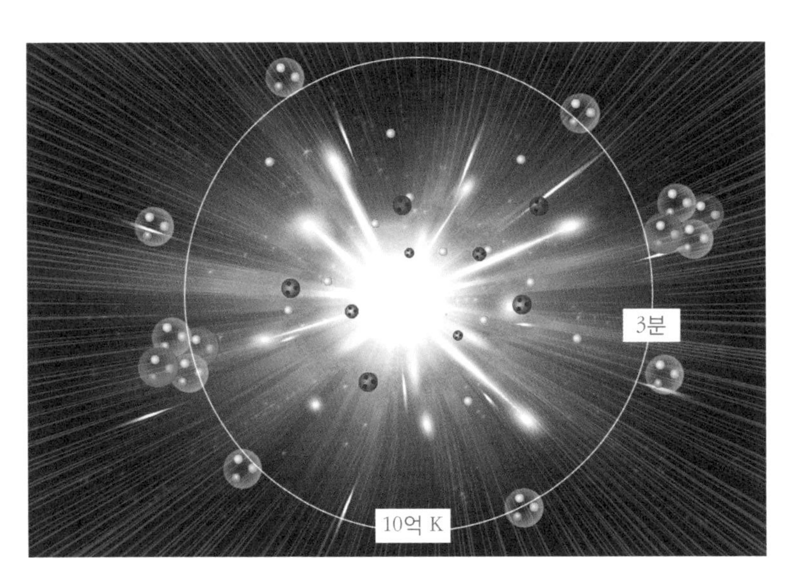

처음 3분간 핵융합

운 원소의 원자핵을 만드는 일은 더 이상 진행되지 않습니다. 그래서 원소의 핵을 만드는 핵융합은 멈추게 됩니다.

이때까지 만들어진 원자핵의 양은 빅뱅 이론을 통해 계산할 수 있습니다. 전체 양성자의 $\frac{1}{4}$이 뭉쳐서 헬륨의 원자핵을 형성합니다. 그리고 리튬과 베릴륨의 원자핵이 만들어지기는 합니다만 그 양은 무시할 수 있을 정도입니다. 따라서 전체 양성자의 나머지 $\frac{3}{4}$은 그대로 남아 있습니다.

헬륨의 원자핵이 만들어지는 비율 $\frac{1}{4}$은 빅뱅 이론에서 예측되는 값입니다. 그런데 이 값은 실제로 우주에서 관측되는 수소와 헬륨의 비율과 일치합니다. 이 사실로부터 빅뱅 우주론이 옳다는 또 다른 확신을 얻을 수 있습니다. 리튬과 베릴륨의 원자핵이 만들어지는 비율 역시 빅뱅 이론에서 예측할 수 있는데, 이 값 역시 관측 결과와 일치합니다.

이로써 우주에서 수소와 헬륨이 대부분을 차지하는 이유가 설명됩니다. 빅뱅으로부터 몇 분이 지난 후, 우주의 온도가 핵융합 반응을 일으키기에는 너무 낮아졌기 때문입니다. 그래서 이 두 원소가 우주의 주성분을 이루고 있는 것입니다.

철이나 우라늄과 같은 복잡한 구조의 원자핵을 만들어 낼 틈도 없이 수소나 헬륨과 같은 단순한 구조의 원자핵만 많이 만들어 내고 핵융합 반응이 멈추게 된 것입니다.

태초에 생겨난 원소들 : 수소와 헬륨

핵융합을 멈춘 후에는 어떻게 될까요?

핵융합은 멈추었지만 우주는 여전히 플라스마 상태에 있습니다. 플라스마 상태란 원자핵(주로 수소와 헬륨의 원자핵)과 전자가 원자를 구성하지 못하고 전기를 띤 상태로 뿔뿔이 흩어져 날아다니는 상태를 말합니다.

이런 상태에서는 빛도 자유롭게 돌아다니지 못하게 됩니다. 왜냐하면 빛이 돌아다니는 전자에 의해 산란되어 먼 거리를 이동하지 못하기 때문입니다. 이것은 마치 짙은 구름 속에서 앞이 보이지 않는 상태에 해당합니다. 우주가 잔뜩 흐려 있는 상태라고 보면 됩니다.

우주 탄생 후 약 10만 년이 지나면 우주의 온도는 약 4,000K 정도로 떨어집니다. 온도가 이렇게 떨어지면 이제 전자와 원자핵은 서로 결합하여 원자를 형성할 수 있게 됩니다.

양성자는 1개의 전자와 결합하여 수소 원자를 만듭니다. 또 헬륨의 원자핵은 2개의 전자와 결합하여 헬륨 원자를 만듭니다. 극소수의 리튬 원자핵은 3개의 전자와 결합하여 리튬 원자를 만들고, 베릴륨 원자핵은 4개의 전자와 결합하여 베릴륨 원자를 형성합니다.

전기를 띤 전자와 원자핵이 모두 사라졌으므로 우주의 플라스마 상태는 끝나게 됩니다. 짙은 구름이 걷혀 우주는 맑게 갠 상태가 됩니다.

이제 빛은 자유롭게 퍼져 나갑니다. 이 빛은 우주의 팽창과 함께 우주 공간으로 퍼져 나가면서 파장이 계속 길어지게 됩니다. 바로 이 빛이 펜지어스와 윌슨이 발견하였던 우주 흑체 복사입니다.

빅뱅의 또 다른 증거, 원소의 존재비

빅뱅 우주론의 더욱 명확한 증거는 원소의 존재량입니다. 빅뱅 우주론이 정상 우주론을 물리치는 데 결정적으로 기여한 또 다른 증거는 우주에 존재하는 헬륨의 양이었습니다.

우주는 고밀도의 매우 압축된 원시 상태에서 급속히 팽창한 결과 밀도와 온도가 상당히 내려갔습니다. 몇 초 뒤 우주가 충분히 식자 특정 원자핵이 생성되었습니다. 빅뱅 우주론에서는 이론적으로 일정한 양의 수소 · 헬륨 · 리튬이 생성됨을 예측할 수 있습니다. 그리고 그 양은 오늘날 관측된 결과와 일치하고 있습니다.

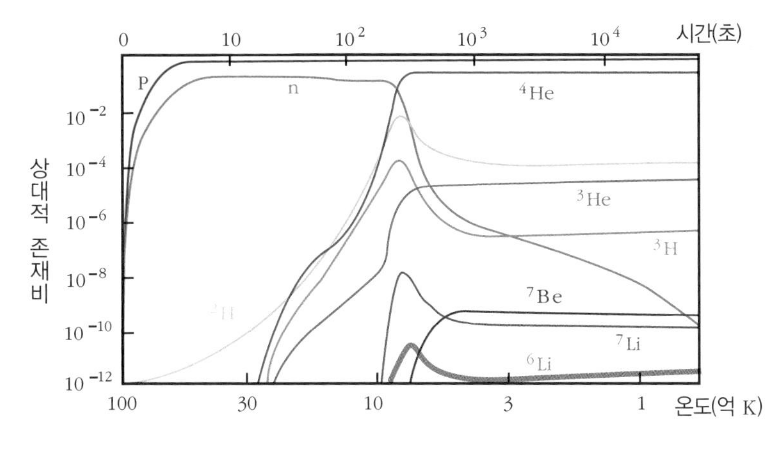

가벼운 원소의 존재량

이것은 빅뱅 우주론이 옳다는 것을 증명하는 더욱 직접적인 증거가 되고 있습니다.

은하와 은하단의 형성

우주 탄생 후 약 10억 년이 지나면 우주의 온도는 10K까지 떨어집니다.

맑게 갠 우주는 계속 팽창하며 조용히 식어 갑니다. 우주에는 밀도가 높은 곳과 낮은 곳이 생겨나고 그 속에서 별과 은

하들이 생겨날 준비를 합니다.

수천억 개의 별을 거느린 은하들은 수백 내지 수천 개의 은하들이 모인 집단인 은하단, 초은하단 등을 형성합니다. 그리고 별의 중심부에서는 핵융합 반응이 시작되어 태초의 빛과는 다른 새로운 빛을 내며 우주를 밝히게 됩니다. 별의 중심에서는 헬륨, 탄소, 질소, 산소 등의 무거운 원소가 만들어집니다. 그리고 우주 탄생 후 100억 년이 지나면 우주의 평균 온도는 5K까지 떨어집니다.

이때는 은하계 내에서 제2세대 별들이 탄생하고 별들 주위에는 행성계가 형성됩니다. 지구는 이렇게 탄생된 태양으로부터 적당한 거리에 위치하였습니다. 표면에는 수소와 산소로 구성된 액체 상태의 물이 존재하고, 또 물속에 녹은 탄소와 질소가 유기물을 생성하여 그것이 생명체의 씨앗이 되었습니다.

만화로 본문 읽기

짜잔~, 선생님, 생신 축하드려요~.
아이쿠, 깜짝이야! 어쨌든 고마워요.
선생님도 막 태어났을 때는 갓난아기였을 텐데, 상상이 잘 안 돼요.

세상의 모든 만물은 처음과 끝이 있기 마련이에요. 우주도 대폭발로 시작되었고 동시에 급격히 식으면서 물질을 이루는 원소가 생겨난 것이죠.
어떻게요? 좀 더 자세히 설명해 주세요.

대폭발을 일으킨 우주는 불덩어리 상태에서 양성자와 중성자가 합쳐져 엄청난 에너지를 내면서 무거운 원자핵이 만들어지기 시작해요. 이를 핵융합 반응이라고 하지요.
그렇군요.

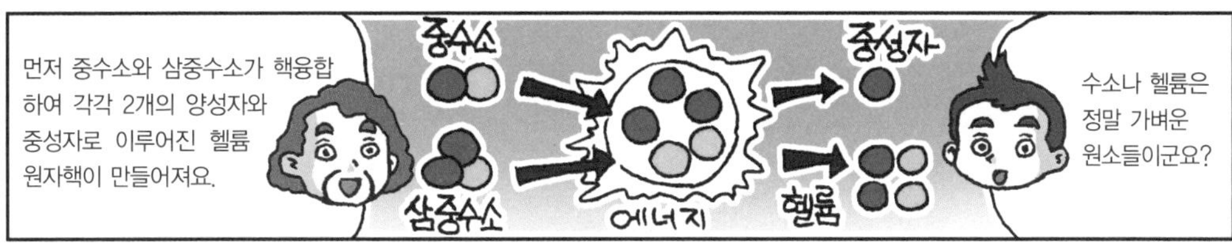

먼저 중수소와 삼중수소가 핵융합하여 각각 2개의 양성자와 중성자로 이루어진 헬륨 원자핵이 만들어져요.
중수소
삼중수소
에너지
중성자
헬륨
수소나 헬륨은 정말 가벼운 원소들이군요?

네. 가벼운 원소들이 충돌해서 더 무거운 원소가 만들어지기도 하지만, 우주의 계속되는 팽창으로 온도가 내려가 무거운 원소는 만들어지기가 어렵지요.
그럼 우주의 대부분은 수소나 헬륨과 같이 가벼운 원소들로 이루어져 있겠군요?

맞아요. 무거운 원자핵일수록 높은 온도를 필요로 하기 때문이죠.
그래서 우주에서 수소와 헬륨이 대부분을 차지하는군요.

다섯 번째 수업

5

무거운 원소는 어떻게 생겨났나?

대폭발로 우주가 탄생했을 때, 가벼운 원소가 많이 만들어졌습니다.
하지만 우주의 온도가 급격히 식어 버리는 바람에 무거운 원소가 만들어질 시간이 없었지요. 그렇다면 무거운 원소는 어떻게 생겨났을까요?

5

다섯 번째 수업

무거운 원소는 어떻게 생겨났나?

교.
과.
연.
계.

고등 지학 II 4. 천체와 우주

가모가 별에 대한 질문을 하며 다섯 번째 수업을 시작했다.

여러분은 별을 좋아하나요?

__ 예.

역시 그렇군요. 사람들은 누구나 별을 좋아합니다. 나는 별을 싫어하는 사람을 보지 못했습니다. 그런데 생각해 보면 이상합니다. 사람들은 왜 별을 좋아할까요? 여러분들은 어떤 이유 때문에 별을 좋아하나요?

__ 아름답게 반짝여서요.

그렇죠. 누구나 영롱하게 빛나는 밤하늘의 별을 보면 아름답다는 생각을 합니다. 더구나 별이 우주의 어둠을 밝혀 준

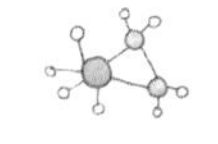

다고 생각하면 더욱 아름답게 느껴지지요.

하지만 나는 사람들이 별을 좋아하는 이유가 단지 그것 때문만은 아니라고 생각합니다. 별은 '인류의 고향'이기 때문입니다.

그게 무슨 소리냐고요?

우리 몸을 만드는 원소는 별에서 왔습니다. 다시 말해 나나 여러분의 몸을 구성하는 원소인 탄소, 산소, 질소, 칼슘 등의 원소들은 모두 별에서 만들어진 것입니다. 그러니까 우리는 별에서 온 것이나 다름없습니다. 결국 별은 우리의 고향인 셈이지요.

별의 탄생

우주는 빅뱅으로 시작되었다고 했습니다. 빅뱅이 일어나고 10만 년이란 시간이 지나면 우주에는 온통 수소와 헬륨뿐입니다.

대폭발로 우주가 탄생된 이후 처음 생긴 물질이 수소의 원자핵이고, 이 수소의 원자핵이 결합하여 헬륨의 원자핵이 만들어졌기 때문입니다.

그때 시간이 충분히 있었더라면 수소나 헬륨보다 더 무거운 원소가 많이 만들어졌을 겁니다. 하지만 우주가 급격히 팽창하면서 온도가 급속도로 떨어지고 있었기 때문에 무거운 원소가 만들어질 시간이 없었던 것입니다. 그래서 가벼운 원소인 수소와 헬륨이 우주의 주성분을 이루고 있는 것입니다. 나는 이러한 사실을 간과하여 빅뱅 때 모든 원소가 만들어진다고 얘기해서 다른 학자들의 반발을 사게 되었던 것입니다.

그렇다면 수소와 헬륨보다 무거운 원소들은 어떻게 생겨나게 된 것일까요? 이제 그 비밀을 알아보겠습니다.

빅뱅 이후 약 10억 년 이상이 지난 후, 과학자들이 잘 이해하지 못하는 어떤 이유로, 아직도 급격히 팽창하는 우주의 여기저기에서 수소와 헬륨이 서서히 모여들기 시작합니다.

이들이 어느 정도 모이게 되면 서로 간에 끌어당기는 중력의 영향이 점점 커져서 모이는 속도가 빨라집니다. 그리고 서로 간의 충돌의 효과로 중심부의 온도도 올라가게 됩니다.

이렇게 해서 별이 태어납니다. 이렇게 태어난 별들이 거대한 집단으로 모여 있는 것이 은하계입니다. 그리하여 별과 은하계가 우주에 처음으로 등장하게 된 것입니다.

이러한 소위 1세대 별들의 내부 온도가 아주 높아지면, 수

소의 핵융합 반응으로 헬륨이 만들어지고, 헬륨으로부터 점차 더 무거운 원소들이 만들어지는 것입니다.

별(태양)은 어떻게 빛나는가?

태양은 불타고 있는 거대한 가스 덩어리라고 할 수 있습니다. 태양과 같은 별은 오랫동안 빛을 낼 수 있습니다.

태양은 지난 50억 년간 계속해서 빛을 내고 있습니다. 태양은 앞으로도 50억 년은 더 빛을 낼 수 있다고 합니다. 실제로 지구의 역사에 관한 연구는 과거 40억 년간 태양의 광도가 거의 일정하게 유지되어 왔음을 증거하고 있습니다.

지구는 태양으로부터 무한한 에너지를 공급받고 있습니다. 태양이 없는 지구는 상상할 수 없습니다. 그렇게 되면 지구는 어둠 속에 묻히고 모든 것이 얼어붙는 차가운 세상으로 변해 버리고 말 것입니다.

우린 태양 없이는 하루도 살아갈 수 없습니다. 태양은 참으로 고마운 별이라고 할 수 있습니다. 태양이 고마운 것은 우리에게 주는 빛과 열 때문입니다. 그런데 도대체 태양은 어떻게 해서 엄청난 빛과 에너지를 내는 걸까요?

ⓒ ESA & NASA

별의 에너지원: 별은 핵융합에 의해서 스스로 빛나는 천체이다.

그 비밀은 오랫동안 신비에 싸여 있었습니다. 학자들은 그 신비를 풀려고 노력해 왔지만 그 비밀이 밝혀진 것은 채 100년이 되지 않습니다. 학자들은 태양 속에 석탄과 같은 연료가 쌓여 있는 것은 아닐까 하고 생각해 보기도 하였지만 그것으로는 어림도 없다는 결론에 도달하게 되었습니다.

왜 그럴까요? 그것은 태양이 얼마나 많은 에너지를 내는지 알면 이해하게 됩니다. 우리는 태양의 광도를 알고 있으므로 주어진 에너지원이 얼마나 오랫동안 지속될 수 있는지를 계산할 수 있습니다.

현재 태양 에너지의 방출량은 3.8×10^{26}J입니다. 태양의 총 질량은 2×10^{30}kg이고, 태양은 지난 50억 년 동안 6×10^{43}J의 에너지를 방출했으므로, 태양의 단위 질량(kg)당 에너지 방출량은 3×10^{13}J이 됩니다.

이런 어마어마한 에너지를 내는 태양이 그 에너지를 보통의 화학적 연소에 의해서 공급받는다면 그 에너지는 수천 년이란 짧은 기간 안에 고갈되고 말 것입니다.

또 학자들은 태양이 수축을 하면 열을 발생할 수 있다는 것에 착안해서 태양이 중력에 의해 수축하면서 열을 내는 것은 아닐까 생각해 보았습니다. 실제로 태양이 불붙기 시작한 것은 중력 수축에 의해서입니다.

태양이 오로지 중력 수축에 의하여 에너지를 공급받는다고 생각하면, 태양이 처음에 지구 궤도만큼 컸다고 가정해도 현재의 위치까지 수축하는 데는 불과 수백만 년밖에 안 되었다는 계산이 나옵니다.

하지만 지구의 나이를 추정해 본 지질학자들의 연구로 태양의 나이는 이보다 훨씬 많다는 것이 알려졌습니다. 지구상에서 얻을 수 있는 생물학적, 지질학적 증거는 적어도 태양이 지난 20~30억 년 동안은 일정하게 유지되어 왔음을 말해주고 있습니다. 그리고 암석의 나이로 미루어 보아도 지구의 나이가 45억 년으로 추정되므로, 태양은 적어도 이 정도의 기간은 존재했다고 보는 것이 타당하다는 것입니다.

별의 에너지원 : 핵융합

막대한 에너지를 방출할 수 있는 별이나 태양의 에너지원은 아인슈타인이 특수 상대성 이론을 발표함으로써 그 실마리가 잡혔습니다.

특수 상대성 이론에 따르면 반응 전후에 질량 감소(Δm)가 있을 경우, 그 질량 결손에 광속의 제곱을 곱해 준 것(Δmc^2) 만큼의 막대한 에너지가 방출된다는 것이 알려졌기 때문입니다.

우리는 태양의 에너지원을 모르더라도 태양 내부의 물리적 상태를 계산해 낼 수 있습니다. 태양 반지름의 $\frac{1}{2}$ 정도 되는 곳의 온도는 500만 ℃ 정도이고, 중심은 약 1,000만 ℃ 정도입니다. 이 정도로 높은 온도에서는 열 핵융합 반응이 일어날 수 있습니다.

열 핵융합 반응에서는 핵자들이 결합하여 더욱 큰 핵을 형성하는데, 이때 질량 결손이 발생합니다. 수소 4개가 핵융합

하여 헬륨 원자핵을 만드는 경우 약 0.7%의 질량 결손이 생깁니다. 이를 에너지로 환산하여 계산한 값은 태양이 방출한 에너지 양과 맞아떨어집니다.

고온에서 원자핵이 반응하여 더 큰 원자핵이 되는 것을 핵융합이라고 합니다. 핵융합은 일반적으로 발열 반응이므로 반응이 일어나면 별의 온도는 더욱 올라가게 됩니다.

별 속에서 만들어지는 헬륨

별 내부에서 일어나는 핵융합의 유형은 별의 질량과 중심 온도에 따라 정해집니다.

중심 온도가 2,000만 ℃ 이하인 별과 질량이 태양 정도이거나 그 이하인 별에서는 양성자—양성자 순환 반응이라는 핵융합 과정이 일어납니다. 하지만 이 반응이 일어날 확률은 매우 낮아서 반응은 매우 느리게 진행됩니다. 그래서 태양은 오랫동안 지속적으로 빛을 낼 수 있는 것입니다.

태양보다 무거운 별은 이와는 다른 방법으로 빛을 냅니다. 그것은 탄소와 산소, 질소가 촉매 역할을 하여 양성자가 헬륨으로 바뀌는 반응(C-N-O 순환 반응)입니다.

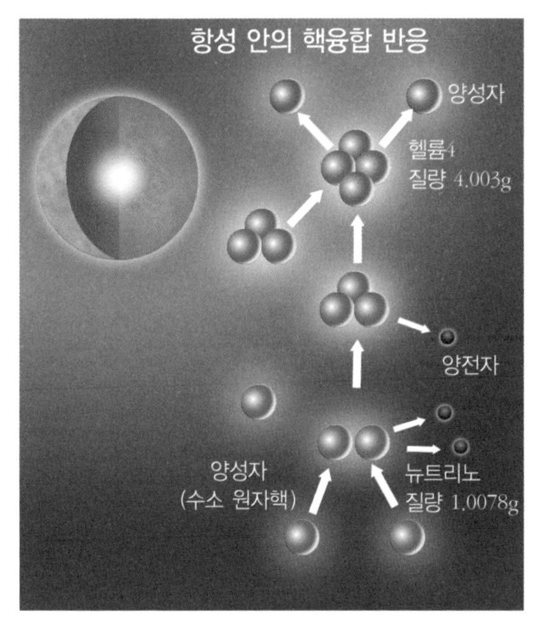

핵융합 반응:양성자 – 양성자 순환 반응

이것은 별의 중심 온도가 2,000만 ℃가 넘고, 질량이 태양 질량의 1.5배가 넘는 별에서 일어납니다. 이 반응은 온도에 민감하여 온도가 올라갈수록 폭발적으로 증가합니다. 이 때문에 밝은 별일수록 연료를 빨리 소모하여 수명이 더 짧게 되는 것입니다.

별은 원소의 생성 공장

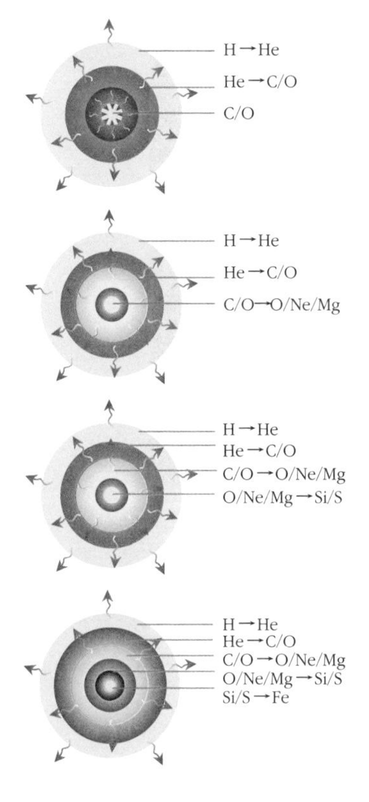

별 속에서 일어나는 핵융합 반응

그리스 신화에서 불과 대장간의 신 헤파이스토스는 신들이 원하는 것은 무엇이든지 만들어 냅니다. 대장간에서는 철을 이용하여 무엇이든 만들어 내므로 그런 의미에서 별은 우주의 대장간이라고 할 수 있습니다.

원소는 보통의 상태에서는 변화하지 않습니다. 그러나 빅뱅이나 별 내부와 같은 고온에서는 원자핵 융합 반응이 일어나며 다양한 원소가 형성됩니다.

1,000만 ℃ 이상으로 뜨거운 별의 중심부에서는 핵반응이 일어나서 수소가 더 무거운 원소인 헬륨이 됩니다.

하지만 빛나는 별도 영원히 탈 수는 없습니다. 별 중심에

핵반응	연료	주 생성 원소	반응 온도(K)
수소	수소	헬륨	1,000~3,000만
헬륨	헬륨	탄소	2억
탄소	탄소	네온, 마그네슘, 나트륨	8억
네온	네온	산소, 마그네슘	15억
산소	산소	실리콘, 인, 황	20억
실리콘	마그네슘, 실리콘, 황	철 부근의 무거운 원소	30억

핵융합에 의해 원소가 생성되는 온도

있는 수소가 거의 다 소진되면 별 중심에는 헬륨이 쌓이게 됩니다. 헬륨은 수소보다 무겁기 때문에 중심의 밀도가 높아지고 중력에 의해서 중심핵 부분이 수축하기 시작합니다. 그러면 별의 중심 부분의 온도가 높아집니다. 별의 중심 온도가 계속 높아져 1억 ℃ 이상 올라가면 헬륨의 핵(알파 입자)이 연소하여 탄소가 만들어지는 핵융합 반응(3중 알파 반응)이 일어납니다. 이 핵융합 반응은 온도에 더욱 민감하여 별은 더욱 폭발적으로 타오르게 됩니다.

다시 헬륨이 거의 소진되면 이번에는 별 중심에 탄소가 쌓이게 됩니다. 탄소는 헬륨보다 무겁기 때문에 중심의 밀도는 높아지고 중력에 의해서 중심핵 부분이 또다시 수축하게 됩니다. 그리고 별의 중심 부분의 온도는 더욱 높아집니다.

별의 질량이 충분히 크면 별의 중심 부분 온도는 계속 높아져 별 내부에 탄소가 쌓이게 됩니다. 이에 따라 별은 다시 수축합니다.

그리하여 중심 온도가 5억~8억 ℃에 이르면 다시 탄소가 연소하여 규소가 생성되는 반응이 일어납니다.

다시 온도가 증가하면 이번에는 규소가 연소되는 과정이 되풀이됩니다.

이렇게 별의 중심에서 수소는 헬륨이 되고, 헬륨은 탄소가, 탄소는 산소가 되는 핵융합 반응이 계속적으로 일어납니다. 거대한 별 속에서는 헬륨의 원자핵이 다시 추가되어 네온, 마그네슘, 규소, 유황 등이 됩니다.

철은 핵융합의 종착점

이와 같은 일련의 핵융합 반응도 무한히 계속되는 것이 아니라 별 내부에 철이 생성됨으로써 끝이 납니다. 그 이유는 철보다 무거운 원소의 원자핵은 핵융합에 의해 만들어지지 않기 때문입니다.

철 원자핵이 만들어지는 조건에서는 철보다 더 큰 원자핵이 생기더라도 분해되어 다시 철로 돌아갑니다. 즉, 철은 핵융합의 마지막 단계이며, 별의 내부에 철이 점점 축적되면 중심은 점점 무거워지고 중력에 의해 중심핵 부분은 점점 수축하게 됩니다.

다음 그림은 원자핵 내에서 핵자의 결합 세기를 원자 번호에 따라 나타낸 것입니다.

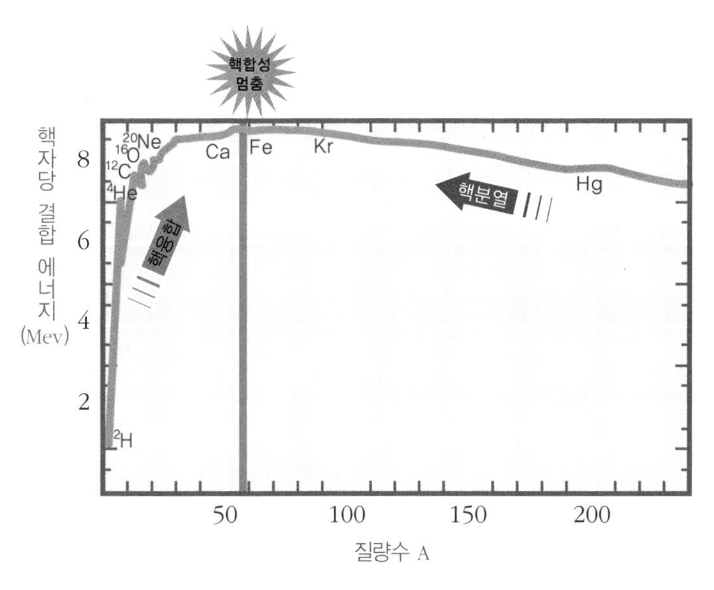

원자 번호에 따른 핵자의 결합 세기

철 부근에서 원자핵 내 결합의 세기가 가장 크므로 이곳에서 가장 안정된 것을 알 수 있습니다.

그런데 철의 원자핵은 대단히 안정되어 있기 때문에 일단 철에서 원소들의 합성이 멈추게 됩니다. 지구상에서 다른 어떤 금속보다도 철이 훨씬 많은 것은 모두 그 때문입니다.

현대 문명은 철 없이는 생각할 수 없습니다. 철은 지상에서 가장 풍부한 금속입니다. 지구로 낙하해 오는 운석 속에도 운철(隕鐵)이라고 하여 소량의 니켈과 황화철이 포함된 쇳덩이가 있다는 것은 잘 알려져 있습니다. 아마도 운철은 인류가 최초로 손에 넣은 철 금속이었을 것입니다. 철은 우주에서도 지구에서도 풍부한 금속인 것입니다.

거꾸로 생각해도 빅뱅은 있었다

나의 빅뱅 이론이 처음에 실패했던 이유는 별 속에서 헬륨보다 무거운 원소(중원소)가 만들어진다는 사실을 몰랐기 때문입니다.

그리고 우주가 빠르게 팽창하면서 식어 가고 있었기 때문에 무거운 원소가 생길 시간적 여유가 없다는 사실을 간과하였기 때문입니다. 이 때문에 다른 학자들의 반대에 부딪쳤던 것입니다.

별 속에서 무거운 원소가 만들어진다는 사실을 역으로 생각해 보면 어떻게 되겠습니까?

별이 다 연소하면 별 속에는 수소 외에도 헬륨이나 그보다 무거운 원소들, 즉 탄소, 산소, 규소, 철 등이 차례차례 들어차게 됩니다. 그러면 우주에는 무거운 원소들이 점점 많아져야 합니다.

하지만 우주 속에 있는 무거운 원소들의 비율은 1% 미만이며, 이러한 사실은 우주가 어떤 시작점을 가지고 있다는 것을 의미하는 셈입니다.

더군다나 우주는 팽창하고 있기 때문에, 결국 어떤 한 점에서 시작되어야 한다는 것입니다.

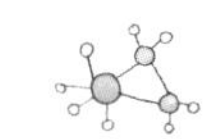

디케와 피블스는 바로 이런 생각을 하였던 것입니다. 그들은 나와 반대의 입장에서 빅뱅 이론을 생각했던 것이지요. 결국 어떻게 생각해도 우주는 대폭발로부터 시작되었다는 것을 알 수 있습니다.

만화로 본문 읽기

선생님, 대폭발 이후 우주에는 온통 수소와 헬륨뿐이었다면서요?
네. 빅뱅 이후 우주가 급격히 팽창하면서 온도가 급속도로 낮아져서 무거운 원소가 만들어질 시간이 없었어요.

그래서 가벼운 원소인 수소와 헬륨이 우주의 주성분을 이루게 된 것이죠.
그렇다면 무거운 원소는 어떻게 생겨난 것인가요?

빅뱅 이후 약 10억 년 이상이 지난 후 여전히 팽창하는 우주의 여기저기에서 수소와 헬륨이 서서히 모여들기 시작했지요.
그래서요?
일단 모여!

수소와 헬륨이 어느 정도 모이게 되면 서로 끌어당기는 힘이 커져서 모이는 속도가 빨라지고, 그만큼 충돌횟수가 증가하여 중심부의 온도도 올라가게 되었지요.
그럼 빛과 열을 내게 되겠군요.
자꾸 부딪히니까 열이 나는데 이거!

네. 이렇게 하여 빛과 열을 내는 별이 태어난 것이고, 이 별들이 거대한 집단으로 모여 있는 것이 은하계예요.
별의 탄생이 무척 신비로운데요.

이러한 소위 1세대 별들의 내부 온도가 아주 높아지면, 수소의 핵융합 반응으로 헬륨이 만들어지고, 헬륨으로부터 점차 더 무거운 원소들이 만들어지는 것이지요.
무거운 원소들이 그렇게 만들어진 거였군요.

여섯 번째 수업 6

별의 폭발로 생성되는 원소들

우리가 항상 보는 별들도 수명이 있다고 합니다.
별이 죽을 때가 되면 어떻게 될까요?
초신성 폭발에 대해 알아봅시다.

6

여섯 번째 수업

별의 폭발로 생성되는 원소들

교. 고등 지학 II 4. 천체와 우주
과.
연.
계.

가모가 학생들에게 별의 모양에 대해 질문하며 여섯 번째 수업을 시작했다.

별은 어떤 모양을 하고 있을까요?

__ 별(★) 모양이요.

그럼 태양은 어떤 모양을 하고 있을까요?

__ 둥근 공 모양이요.

그렇죠. 태양은 거대한 공 모양을 하고 있습니다.

그렇다면 다시 생각해 봅시다. 우리가 보는 별의 실제 모양은 어떨까요?

__ 태양과 똑같은 공 모양이요.

그렇습니다. 태양도 별이니 같은 모양을 하고 있겠지요. 그

태양에서의 중력

러면 태양이나 별은 왜 둥근 공 모양을 하고 있는 것일까요?

태양은 기체 덩어리입니다. 별도 마찬가지이지요. 태양이나 별은 그 자신의 중력에 의해 뭉쳐진 것입니다. 이것은 지구나 목성과 같은 행성도 마찬가지입니다.

지구나 목성도 공 모양을 하고 있지 않습니까? 그러면 지구나 목성은 단단한 형태를 갖는데, 왜 태양은 단단하게 뭉쳐지지 않는 걸까요?

태양은 2가지 상반된 힘이 작용하여 균형을 이루고 있습니다. 먼저 중력에 의해 수축하려고 하는 힘이 있습니다. 그런

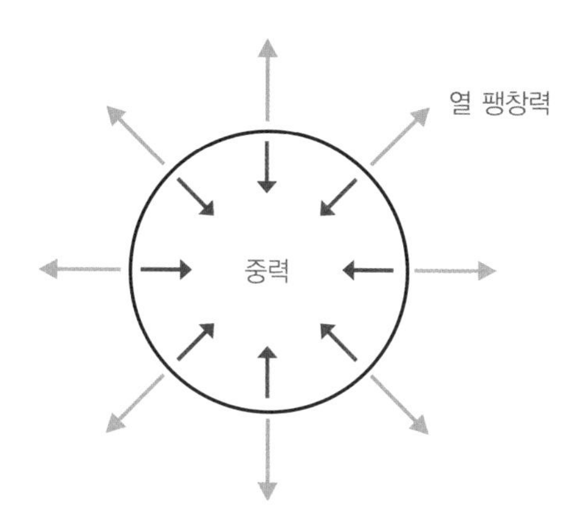

힘의 균형 : 별은 안에서 바깥으로 팽창하려는 힘과 바깥에서 안으로 수축하려는 힘이 평형을 이루고 있다. 그래서 별은 둥근 공 모양을 하고 있다.

데 이 힘에 대항하여 바깥으로 팽창하려는 힘이 있지요.

태양의 중심에서는 핵융합 반응이 일어나고 있어 그 온도가 1,000만 ℃가 넘습니다. 중심이 매우 뜨겁기 때문에 태양은 팽창하려고 합니다. 반응에 의한 폭발력으로, 밖으로 팽창하는 힘과 중력에 의해 안으로 수축하는 힘이 균형을 이루면서 일정한 크기를 유지하는 것입니다.

그런데 만약 이 2가지 힘 중에서 어느 한쪽이 약해지거나 없어지면 어떤 일이 벌어질까요?

터지거나 찌그러들겠죠? 다시 말해 팽창하려는 힘이 더 강하

면 별은 커지면서 우주 공간 바깥으로 가스가 뻗어 나가겠죠?

반대로 수축하려는 힘이 강해지면 별은 찌그러들면서 붕괴하게 될 겁니다.

별의 죽음 : 초신성 폭발

별은 죽을 때가 되면 어떻게 될까요?

만약 어떤 별이 수소 원료를 다 소비해서 열을 방출할 수 없게 된다면, 별은 갑자기 바깥으로 팽창하려던 힘이 없어지므로 수축하게 됩니다.

이 수축의 결과, 내부의 온도가 엄청나게 올라가면 새로운 핵융합 반응이 일어납니다. 이런 과정을 되풀이하다가 더 이상 핵융합 반응은 일어나지 않고 별은 붕괴하게 됩니다. 별의 붕괴가 일어나면 중심으로 물질이 떨어져 내리고 어느 순간 대폭발을 일으킵니다.

이렇게 폭발하는 별은 밝기가 엄청나게 밝아집니다. 전에는 보이지 않던 별이 매우 밝게 빛나는 것으로 나타나지요. 그래서 이런 별을 초신성(Supernova)이라고 부릅니다.

초신성은 신성(nova)보다 훨씬 더 밝은 별이란 뜻입니다.

ⓒ A.V. Filippenko (UC Berkeley), P Challis (Harvard CfA, et al, ESA, NASA

NGC : 2403 은하 근처에 나타난 초신성(화살표). 큰 별은 일생의 마지막 순간에 태양 1,000억 개의 밝기로 빛나는 초신성이 된다.

신성도 어둡던 별이 밝게 빛나는 것이지만 초신성에는 견줄 바가 못 됩니다. 신성은 주기적으로 별의 밝기가 밝아지지만 초신성은 죽어 가는 별의 마지막 모습입니다.

하나의 초신성에서 나오는 빛은 수백, 수천억 개의 별들로 이루어진 하나의 은하에서 나오는 빛과 맞먹을 정도입니다.

고려와 중국의 문헌에는 11세기에 폭발한 어떤 별이 대낮에도 보일 정도로 밝은 빛을 여러 날 동안 비추었다는 기록이 전해지고 있습니다.

당시 사람들은 알지 못했지만 그들이 목격한 것은 최후를

맞는 별의 마지막 모습이었던 것입니다. 그 별의 잔해는 지금도 하늘에 남아 있습니다.

초신성 잔해

별은 죽어도 그 흔적을 남깁니다. 별은 우주 공간에 원소를 남기지요. 초신성 폭발을 일으킨 별은 우주 공간으로 재가 되어 흩어집니다. 폭발하면서 주위에 있는 먼지와 가스들을 밀어붙여서 새로운 별이 태어나도록 돕습니다. 이렇게 퍼져나가는 거리는 100광년에 이르고 별의 잔해는 거의 10만 년 동안 남아서 우주를 아름답게 물들입니다.

별은 우주 공간의 가장 차갑고 어두운 곳에서 태어나서 다시 차가운 우주 공간으로 돌아갑니다. 하지만 그냥 돌아가는 것이 아닙니다. 별은 일생 동안 자신을 태워 중원소를 만들고, 그것을 다시 우주 공간으로 뿌리고 돌아가는 것입니다. 결론적으로 별은 원소의 생성 공장이라고 할 수 있습니다.

별이 남기는 흔적은 새로운 별의 밑거름이 되고 행성과 생명 탄생의 토대가 됩니다. 우리는 이러한 별의 일생을 통해 참으로 많은 것을 배울 수 있습니다.

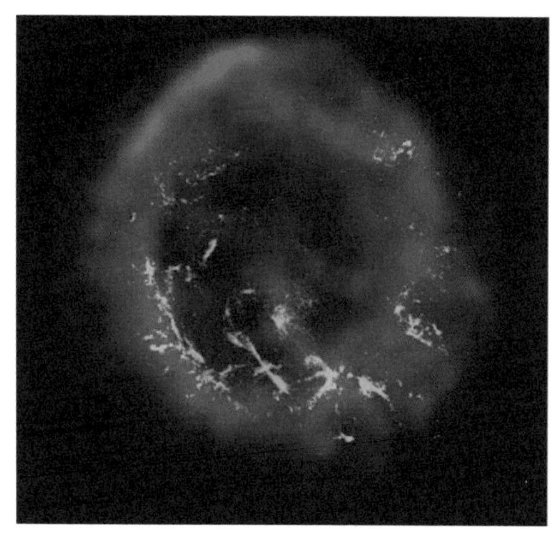

ⓒ X-ray (NASA / CXC / SAO); optical (NASA / HST); radio: (ATNF / ATCA)

초신성 잔해 : 큰 별이 초신성 폭발을 일으키며 우주 공간에 거대한 Q자를 그리며 퍼져 가고 있다.

초신성 폭발로 만들어지는 원소들

초신성은 자체의 물질을 격렬하게 우주 공간으로 분출시킵니다. 방출되는 것은 별의 내부에서 핵융합 반응으로 만들어진 원소들입니다.

별은 최후의 순간에도 새로운 일을 시작합니다. 또 다른 원소를 만들기 때문입니다. 별들이 불안정하여 격렬하게 폭발하면 별의 잔해는 우주 공간으로 흩어지며, 이 과정에서 철보다 무거운 원소들이 만들어지게 됩니다.

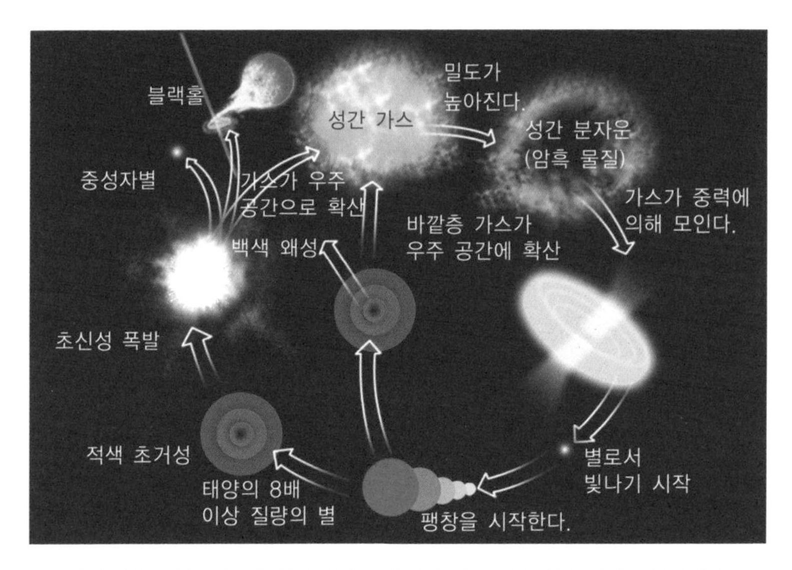

별의 일생 : 별은 어두운 성간 먼지 속에서 태어나 다시 성간 먼지로 돌아간다.

초신성이 폭발할 때 온도가 엄청나게 올라가면서 철과 우라늄 사이의 모든 무거운 원소들이 만들어지는 것입니다. 철보다 무거운 원소는 폭발 때 생기는 고밀도의 양성자와 중성자가 초신성이 폭발하기 전까지 생긴 원자핵과 순간적으로 반응해서 만들어진 것으로 생각됩니다.

© NASA, ESA, J.Hester, A. Loll (ASU)

초신성 폭발의 잔해 : 큰 별이 최후의 순간에 대폭발을 일으키면서 별 속에서 만들어진 중원소를 10만 년에 걸쳐 거의 100광년의 범위까지 터트린다.

© NASA, ESA, and The Hubble Heritage Team (STScI / AURA)

별의 죽음으로 만들어지는 초신성 잔해

만물을 만드는 원소들

'호랑이는 죽어서 가죽을 남기고, 사람은 죽어서 이름을 남긴다'라는 말이 있습니다.

그렇다면 별은 죽어서 무엇을 남길까요?

별은 별 속에서 만들어진 갖가지 원소를 남깁니다. 이들 원소들은 별이 폭발할 때 먼 우주 공간으로 널리 퍼져 나가서 다음 세대의 별을 만드는 재료가 됩니다. 우주 공간으로 분출된 무거운 원소들은 수소나 헬륨 등과 섞여 다음 세대 천체들이 태어나는 밑거름이 됩니다.

태양은 제2세대 별

우주는 적어도 100억 년 전에 대폭발을 시작했습니다. 그런데 우리 태양의 나이는 46억 년 정도밖에 되지 않습니다. 이것은 태양이 젊은 별이라는 것을 말해 줍니다.

게다가 태양계(특히 행성)에 여러 가지 무거운 원소들이 골고루 있는 것을 보면, 태양은 적어도 2세대 별임이 틀림없습니다.

우리 주변에 있는 수소와 헬륨을 제외한 모든 물질은 태양계가 탄생하기 전인 50억 년 이전에 어느 별에서 생긴 것들이며, 이들은 앞으로 50억 년쯤 후에 태양이 최후를 맞을 때 다시 우주 공간으로 흩어져 별이나 생물의 원소가 될 것입니다. 이와 같이 물질은 우주를 순회하고 있습니다.

물질을 구성하는 원소

자연계에 존재하는 원소는 수소($_{1}H$)로부터 우라늄($_{92}U$)에 이릅니다. 이들은 모두 92종이어야 하지만 그중에 몇 종은 불안정하여 사라져 버렸고, 안정한 형태로 존재하는 원소는 80여 종입니다. 이들이 우주에 존재하는 물질을 구성하고 있습니다.

우리 주변에서 흔히 볼 수 있는 원소는 40여 종 정도이며, 지구상의 물질들의 99% 이상은 단지 12가지 원소로만 이루어집니다.

하지만 이들 원소의 결합으로 만들어지는 화합물의 가짓수는 3,000만 가지에 이를 정도로 다양합니다. 또한 이런 화합물의 결합으로 다양한 생명체가 만들어져서 자연에는 수백만 종의 생물이 존재하는 것입니다.

우주는 공간과 물질로 구성됩니다. 우주 안에는 얼마나 많은 물질이 있을까요?

우주의 평균 물질 밀도는 1m^3당 1~0.1개의 수소 원자가 있는 정도입니다.

생명을 만드는 원소

생물은 세포로 되어 있습니다. 우리 몸에는 60조~100조(10^{14}) 개의 세포가 들어 있습니다. 그리고 세포는 DNA, DNA는 분자, 그리고 분자는 다시 그보다 더 작은 원자로 이루어집니다.

자연에 존재하는 90여 개의 원소 가운데 단 몇 가지가 생체 분자를 조직해 생명체를 이룹니다. 지구 생명체의 99% 이상은 수소, 산소, 탄소, 질소 등으로 이루어졌습니다. 그런 원소들이 여러 방식으로 결합해 생체 분자를 만듭니다. 그 절반 이상은 물입니다.

우리의 몸을 이루는 여러 원소 중에서 가장 중요한 것은 탄소 원자입니다. 세포를 이루는 분자들은 탄소 화합물로 구성되어 있기 때문입니다. 이 탄소 원자는 어디에서 온 것일까

ⓒ J. Hester, P. Scowen (ASU), HST, NASA

독수리 성운에서 별이 탄생하는 모습.
이때 생명 현상에 관련된 탄소 화합물이 만들어진다고 한다.

요? 탄소 원자가 별에서 왔다는 것을 이제는 잘 알 겁니다.

우주와 인간

동양에서는 예로부터 인간을 소우주라고 불러 왔습니다. 인간을 대우주와의 상관 관계 속에서 파악해 왔던 것입니다.

그런데 우주와 인간 사이에는 놀라운 유사성이 존재합니

다. 사람 체중의 $\frac{2}{3}$는 물입니다. 이 때문에 우주에 가장 많은 수소가 우리 몸에도 제일 많은 원소가 됩니다.

우주에는 태양과 같은 별이 대략 1,000억(10^{11}) 개가 모여서 은하를 형성합니다. 그리고 이런 은하가 대략 1,000억(10^{11})개가 모여서 우주를 만듭니다. 따라서 우주에는 약 10^{22}개의 별이 들어 있는 셈입니다.

우주가 별의 집단이라면 인간은 원자의 집단에 비유할 수 있습니다. 우리 몸에는 몇 개의 원자가 들어 있을까요? 10g의 물속에는 대략 10^{24}개 정도의 원자가 들어 있으므로, 이러한 사실을 통해 유추해 보면 보통 성인의 몸속에는 대략 10^{28}개의 원자가 들어 있는 것으로 추산할 수 있습니다.

은하가 우주의 중간 구조라면 세포는 인체의 중간 구조라고 할 수 있습니다. 원자들이 모여 세포를 만들고, 세포가 모여 몸 전체를 만드는 셈이지요.

과학자의 비밀노트

별의 일생

1. 별의 형성

별은 성간 가스와 티끌 구름에서 일생을 시작한다. 이런 구름은 검은 얼룩처럼 보이며, 주로 티끌과 섞여 있는 수소로 이루어져 있다. 구름은 폭발한 별의 잔해에서 생기는 경우도 있고, 거성 표면에서 나온 가스가 모여 생기는 경우도 있다. 새로운 별이 형성되는 첫 번째 단계에서는 성간 구름이 수축해서 공 모양이 된다. 가스와 티끌 구름은 수백만 년 동안 중력으로 서로를 끌어당기면서 수축한다. 이때 압력은 증가하고, 그 중심에 있는 가스는 매우 뜨거워진다. 중심 온도가 110만 ℃ 정도 되면 핵융합 반응이 시작된다. 즉, 이 에너지가 중심부에 있는 가스를 가열하면 가스가 빛을 내면서 마침내 별이 탄생한다.

2. 별의 진화와 죽음

빛나기 시작하면서 별은 천천히 진화한다. 이 진화의 속도는 별 안에서 핵에너지를 만드는 반응이 얼마나 빨리 일어나느냐에 달려 있으며, 이 반응 속도는 별의 질량에 따라 달라진다. 질량이 클수록 광도와 온도는 더욱 높아지고 진화의 속도도 빨라진다. 질량이 태양의 10배 정도인 별은 진화하는 데 수백만 년 정도 걸리나, 질량이 태양의 10분의 1정도 되는 작은 별은 몇십억 년 걸려서 진화한다. 별은 수소의 양이 줄어들면서 진화한다. 수소의 양이 줄어들면 별의 중심은 수축하고 온도와 압력은 올라간다. 동시에 바깥 온도는 점점 내려가므로 결국 별은 크게 팽창해서 적색 거성이 된다. 적색 거성이 된 뒤에 일어나는 반응은 별의 질량에 따라 다르다. 질량이 태양과 비슷한 별은 바깥층이 떨어져 나가는데, 이것은 행성상 성운이라고 하는 빛나는 가스 껍질로 보인다. 그 뒤에 남은 핵은 식어서 백색 왜성이 된다. 질량이 태양의 3배 이상인 별은 초거성이 된다. 철과 같은 무거운 원소들이 내부에서 생기고 폭발하면 초신성이 되기도 한다. 초신성이 폭발한 뒤에 남는 물질이 태양 질량의 3배 미만이면 중성자별이 되고, 3배 이상이면 별은 붕괴되어 블랙홀이 된다.

만화로 본문 읽기

선생님, 저기 별이 큰 폭발을 하는 것처럼 보여요.
그건 초신성이 폭발하는 장면입니다. 초신성 폭발은 별의 죽음이라고 할 수 있어요.

별도 죽나요?
네. 초신성 폭발을 일으킨 별은 재가 되어 우주 공간으로 흩어지면서 먼지와 가스들을 밀어붙여 새로운 별이 태어나도록 돕습니다.

죽은 별이 새로운 별에 도움을 주네요.
별은 일생 동안 자신을 태워 중원소를 만들고 그것을 다시 우주 공간으로 뿌리고 돌아갑니다. 결론적으로 별은 원소의 생산 공장이라고 할 수 있어요.
우리는 원소의 생산 공장이야

별들이 불안정하여 격렬하게 폭발하면 별의 잔해는 우주 공간으로 흩어지며 이 과정에서 철보다 무거운 원소들이 만들어지게 되지요.

호랑이는 죽어서 가죽을 남기지만, 별은 원소를 남기는군요.
네, 맞아요. 이들 원소들은 별이 폭발할 때 널리 퍼져 나가서 다음 세대의 별을 만드는 재료가 됩니다.
새로운 별을 만들자!

빅뱅이 일어난 지 약 100억 년이 지났는데 태양계에 여러 가지 무거운 원소들이 있는 걸 보면, 지금의 별들은 예전의 별이 폭발하면서 생긴 물질에 의해 이루어진 2세대 별들임에 틀림없습니다.

일곱 번째 수업

7

인공으로 합성되는 원소들

천연에는 존재하지 않으나 핵반응 또는 핵분열을 일으켜
새로운 원소를 만들 수 있습니다.
인공적으로 만들어진 원소에는 어떤 것이 있을까요?

7

일곱 번째 수업

인공으로 합성되는 원소들

교. 고등 지학 II 4. 천체와 우주
과.
연.
계.

가모가 원소의 인공 합성에 대한 주제로 일곱 번째 수업을 시작했다.

연금술사들의 꿈은 값이 싼 금속을 귀금속으로 바꾸는 것이었습니다. 이를테면 구리나 납과 같은 금속을 금이나 은으로 바꾸는 것이지요.

과연 이것이 가능한 일일까요?

__ 글쎄요. 잘 모르겠어요.

이것은 어떤 특정한 원소를 다른 원소로 바꾸는 것입니다. 즉, 원자핵을 다른 원자핵으로 바꾸는 것이지요.

물질을 구성하는 원소들이 하나 둘씩 발견되고 원자의 내부 구조가 밝혀지면서, 많은 학자들은 물질의 고유한 특성

을 바꾸는 것이 불가능한 일이라고 생각하였습니다. 그런데 그것이 전혀 허황된 꿈이 아니라는 것이 마침내 밝혀진 것입니다. 원자핵을 서로 충돌시키면 인공적으로 원소의 원자핵을 바꿀 수 있기 때문입니다.

인공 합성 원소

천연에는 존재하지 않으나 가속기나 원자로를 사용하여 핵반응 또는 핵분열을 일으키면 새로운 원소를 만들 수 있습니다. 이와 같이 인공적으로 만들어진 원소를 인공 합성 원소라고 합니다.

인공 합성에 의해서 최초로 만들어진 원소는 테크네튬($_{43}Tc$)입니다. 이 원소는 원자 번호가 43번인 원소로, 우라늄보다 훨씬 가볍습니다. 하지만 이 원소는 오랫동안 발견되지 않아서 주기율표에 계속 빈자리로 남아 있었습니다.

테크네튬은 1937년에 세그레(Emilio Segré, 1905~1989) 등이 사이클로트론이라는 가속기를 이용하여, 고에너지로 가속한 중수소 원자핵을 몰리브덴($_{42}Mo$)에 충돌시켜서 만들었습니다. 이 원소는 반감기가 420만 년에 불과한 방사성 원소였습니다. 안정한 동위체가 없어서 자연계에서 발견되지 않았던 것이지요. 그래서 이 원소는 인공 합성으로 발견되었습니다. 과학 기술을 이용하여 합성되었기 때문에 테크네튬이라고 명명하였습니다.

또 다른 인공 합성 원소는 프로메튬($_{61}Pm$)입니다. 프로메튬에는 약 10종의 동위 원소가 발견되었지만, 이들의 반감기는 30초에서 17.7년으로 매우 짧습니다.

프로메튬은 1947년 미국의 마린스키 등이 제2의 불로 일컬어지는 우라늄의 핵분열 생성 물질 속에서 발견하여 프로메튬이라고 명명되었습니다. 이 이름은 인류에게 불을 전해 준 그리스 신화의 프로메테우스의 이름에서 따온 것입니다.

그 외에도 아스타틴($_{85}At$), 프랑슘($_{87}Fr$) 등이 인공 합성으로

발견되었습니다. 이들은 모두 방사성 원소입니다.

초우라늄 원소

자연에 존재하는 원소 중 가장 무거운 원소는 무엇입니까?

__우라늄이요.

그렇습니다. 그런데 우라늄보다 양성자 수가 더 많은 원소들이 있습니다. 물론 자연 상태에서 발견된 것은 아닙니다. 이들은 인공적으로 만들어진 것이지요. 우라늄보다 양성자 수가 더 많은 원소를 초우라늄 원소라고 합니다.

93번 원소는 1939년 미국의 맥밀런과 에이벌슨이 우라늄 239에 중성자를 조사시켜서 합성하였습니다. 이 원소는 바다의 신 넵튠(Neptune)의 이름을 따서 넵투늄($_{93}Np$)이라고 명명되었습니다.

93번 원소의 발견을 둘러싸고 착오가 빚어지기도 했습니다. 페르미는 1934년에 우라늄에 중성자를 충돌시켜 전자를 방출하고 93번 원소로 바꾸는 실험을 성공했다고 발표했습니다. 그런데 이것은 93번 원소가 만들어진 것이 아니라 핵분열이 일어난 것이라는 것이 확인되었습니다.

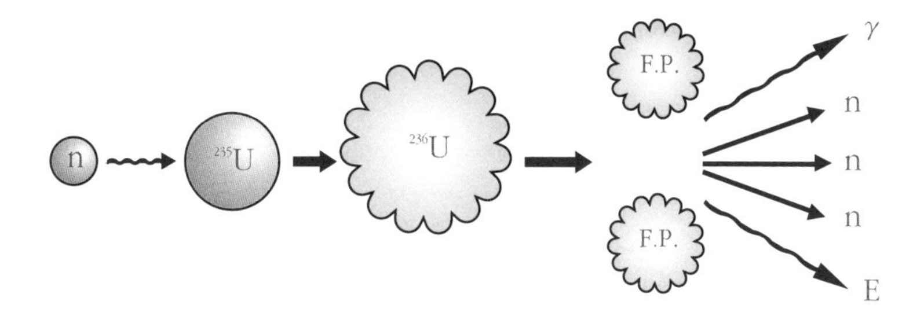

페르미의 실험:93번 원소가 합성된 것이 아니라 핵분열이 일어났다.

또 다른 초우라늄 원소는 요즈음 핵무기로 화제가 되고 있는 플루토늄($_{94}$Pu)입니다. 그 외에도 많은 초우라늄 원소들이 합성되었습니다. 이들은 아메리슘($_{95}$Am), 퀴륨($_{96}$Cm), 버클륨($_{97}$Bk), 캘리포늄($_{98}$Cf), 아인슈타이늄($_{99}$Es), 페르뮴($_{100}$Fm), 멘델레븀($_{101}$Md), 노벨륨($_{102}$No), 로렌슘($_{103}$Lr) 등입니다.

이들은 각각 10가지 내외의 동위 원소가 확인되었고, 이 원소들 중에는 플루토늄처럼 원자로의 연료로서 중요한 역할을 하는 것도 있습니다.

왜 자연에는 92가지 원소밖에 없을까요?

인위적으로는 원소를 계속 만들 수 있는데, 왜 자연에는 92가지 원소밖에 없을까요?

__수명이 짧기 때문입니다.

맞습니다. 자연 상태에서도 이런 원소들이 만들어질 가능성은 있습니다. 하지만 이런 원소들은 불안정하기 때문에 시간이 지나면 다른 원소로 바뀌어 버리게 됩니다. 그래서 자연 상태에서 발견할 수 없는 것이지요.

그리고 원자핵을 만드는 힘에 한계가 있기 때문입니다. 원자핵 속에는 모두 같은 양전하를 갖는 양성자가 들어 있습니다.

원자 번호가 높을수록 핵 내에는 양성자 수가 더욱 많아집니다. 따라서 원자 번호가 높을수록 원자핵 내의 전기적 반발력이 커집니다.

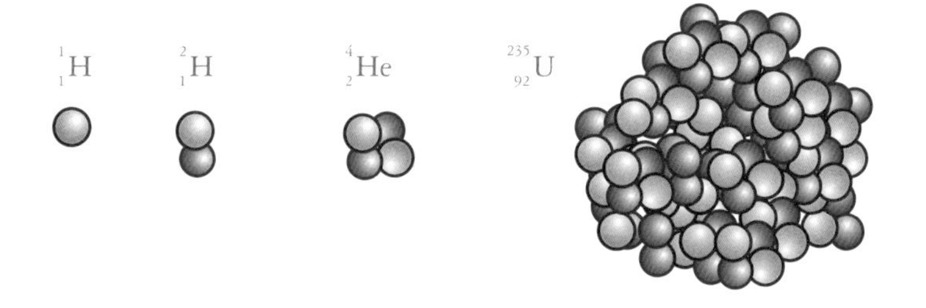

반면에 핵을 묶어 두는 핵력은 한계가 있어서 핵을 지탱하기 어려워집니다. 그 한계로 92번 우라늄까지 생겨난 것이 아닌가 생각됩니다.

쌍둥이 원소 : 동위 원소

원소 중에는 원자 번호가 같지만 질량수가 다른 원소들이 있습니다. 한마디로 이들은 체중이 다른 일란성 쌍둥이라고 할 수 있지요.

동위 원소는 질량만 다를 뿐 화학적으로는 거의 구별할 수가 없습니다. 이들을 동위 원소라고 부르는 이유는 질량은 서로 달라도 원소의 주기율표에서 같은 장소에 배열되기 때문입니다.

원소의 화학적 성질은 그 원소를 구성하는 원자핵 속의 양성자 수, 즉 원자 번호에 의해 결정됩니다. 원자의 질량은 양성자와 중성자 수의 합, 즉 질량수에 거의 비례하므로, 동위 원소란 같은 수의 양성자를 가지고 중성자 수만이 다른 원자핵으로 이루어지는 원소들이라고 할 수 있습니다.

예를 들면, 자연계에 존재하는 산소는 대부분이 8개의 양성

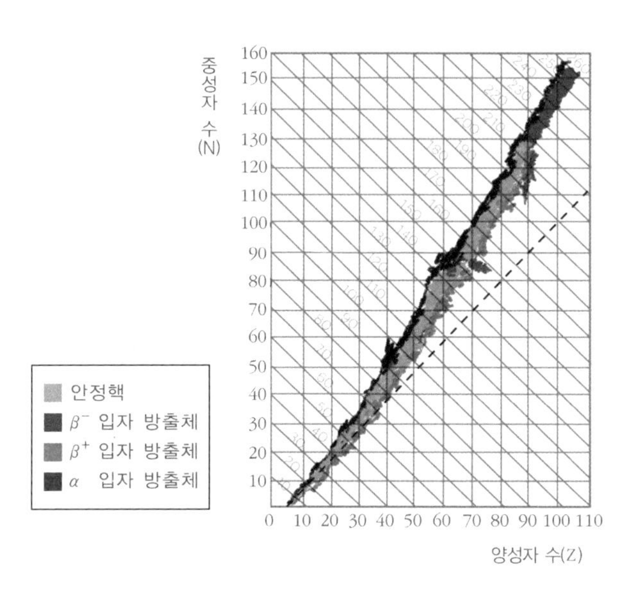

자와 8개의 중성자를 가지는 질량수 16인 원자핵으로 이루어져 있으나, 이 밖에 9개의 중성자를 가지는 질량수 17인 것과 10개의 중성자를 가지는 질량수 18인 것이 혼재하고 있습니다.

마찬가지로 질소에는 11과 15의 질량수를 갖는 2종의 동위 원소가 있습니다.

우라늄도 234, 235, 238의 질량수를 갖는 3종의 동위 원소를 갖는 원소로서 자연계에 존재합니다.

천연으로 존재하는 화학 원소의 종류는 약 90종인데, 이에 대하여 천연의 동위 원소는 약 300종이나 됩니다. 따라서 평균적으로 한 원소당 3종의 동위 원소가 있는 셈입니다.

주석(10개), 카드뮴(8개)과 같이 많은 동위 원소를 갖는 것도 있고, 베릴륨, 플루오르, 나트륨, 비스무트와 같이 동위 원소가 없고 단 1종의 원자로 이루어져 있는 것도 있습니다.

원소의 총수

자연에 존재하는 원소는 92번까지입니다. 하지만 인공 합성으로 만들어지는 원소가 계속 늘어나고 있습니다.

새로 만들어지는 초우라늄 원소들은 극히 불안정하여 만들어지자마자 곧 다른 원소로 붕괴하기 때문에 원소로서 의미가 별로 없습니다.

지금도 미국, 독일, 러시아의 연구소에서는 가속기에서 일어나는 핵반응을 이용하여 자연계에서 이미 사라져 버린 원소를 인공적으로 만들려는 노력이 계속되고 있습니다.

한때는 새로운 원소를 발견하려는 국가들 간의 경쟁으로 인해, 발견된 원소의 인정 여부와 그 이름의 결정에 있어 논란이 많았습니다.

지금은 IUPAC(국제 순수 응용화학 연합:International Union of Pure and Applied Chemistry)라는 국제 기관에서 새로 발

발견 연대 1800 이전 1800 − 1849 1850 − 1899 1900 − 1949 1950 이후

1	2	3	4	5	6	7	8	9	10	11	12	13	14	15	16	17	18
1 H 1.0079																	2 He 4.0026
3 Li 6.941	14 Be 9.0122											5 B 10.811	6 C 12.011	7 N 14.007	8 O 15.999	9 F 18.998	10 Ne 20.180
11 Na 22.990	12 Mg 24.305											13 Al 26.982	14 Si 28.086	15 P 30.974	16 S 32.065	17 Cl 35.453	18 Ar 39.948
19 K 39.098	20 Ca 40.078	21 Sc 44.867	22 Ti 50.942	23 V 51.996	24 Cr 51.996	25 Mn 54.938	26 Fe 55.845	27 Co 58.933	28 Ni 58.693	29 Cu 63.546	30 Zn 65.409	31 Ga 69.723	32 Ge 72.64	33 As 74.922	34 Se 78.96	35 Br 79.904	36 Kr 83.798
37 Rb 85.468	38 Sr 87.62	39 Y 88.906	40 Zr 91.224	41 Nb 92.906	42 Mo 95.94	43 Tc (98)	44 Ru 101.07	45 Rh 109.91	46 Pd 106.42	47 Ag 107.87	48 Cd 112.41	49 In 114.82	50 Sn 11871	51 Sb 121.76	52 Te 127.60	53 I 126.90	54 Xe 131.29
55 Cs 132.91	56 Ba 137.33	57 - 71	72 Hf 178.49	73 Ta 180.95	74 W 183.84	75 Re 186.21	76 Os 190.23	77 Ir 192.22	78 Pt 195.08	79 Au 196.97	80 Hg 200.59	81 Tl 204.38	82 Pb 207.2	83 Bi 208.98	84 Po (209)	85 At (210)	86 Rn (222)
87 Fr (223)	88 Ra (226)	89 - 103	104 Rf (261)	105 Db (262)	106 Sg (266)	107 Bh (264)	108 Hs (277)	109 Mt (268)	110 Ds (271)	111 Rg (272)	112 Cn (285)						

57 La 138.91	58 Ce 140.12	59 Pr 140.91	60 Nd 144.24	61 Pm (145)	62 Sm 150.36	63 Eu 157.25	64 Gd 157.25	65 Tb 158.93	66 Dy 162.50	67 Ho 164.93	68 Er 167.26	69 Tm 168.93	70 Yb 173.04	71 Lu 174.97
89 Ac (227)	90 Th 232.04	91 Pa 238.03	92 U (237)	93 Np (244)	94 Pu (243)	95 Am (247)	96 Cm (247)	97 Bk (247)	98 Cf (251)	99 Es (252)	100 Fm (257)	101 Md (258)	102 No (259)	103 Lr (262)

견되는 원소의 이름과 기호를 결정하고 있습니다.

현재 IUPAC에서 인정하고 있는 원소는 112번(코페르니슘)까지입니다. 2003년에 114(Uuq), 116(Uuh)번 원소가 발견되었고, 2006년에는 118번(Uuo, 우누녹튬) 원소가 발견되었으나, 아직 완전히 인정받지는 못하고 있습니다.

113번에서 118번 원소는 임시적인 원소 기호 우누(Uu)를 앞에 붙여 사용하고 있습니다. 새로 발견된 원소는 모두 인공적으로 합성된 원소로서, 극히 불안정하여 합성되자마자 곧 소멸되어 버립니다.

하지만 이론 물리학자들은 120에서 130번 정도 사이에 다시 안정된 원소가 나타날 것이라고 예측하고 있으므로, 앞으로도 원소의 수는 계속 늘어날 가능성이 있습니다.

만화로 본문 읽기

그럼 인위적으로 원소를 계속 만들 수 있다는 건데, 왜 자연계에는 92개의 원소밖에 없나요?

수명이 짧기 때문이에요. 자연에서도 만들어질 수는 있지만 92개를 제외한 원소들은 불안정해서 시간이 지나면 다른 원소로 변해 버려요.

마지막 수업 8

원소의 기원

원소는 크게 자연계에 존재하는 원소와
인공적으로 만들어지는 원소로 나눌 수 있습니다.
원소들의 기원에 대해 정리해 봅시다.

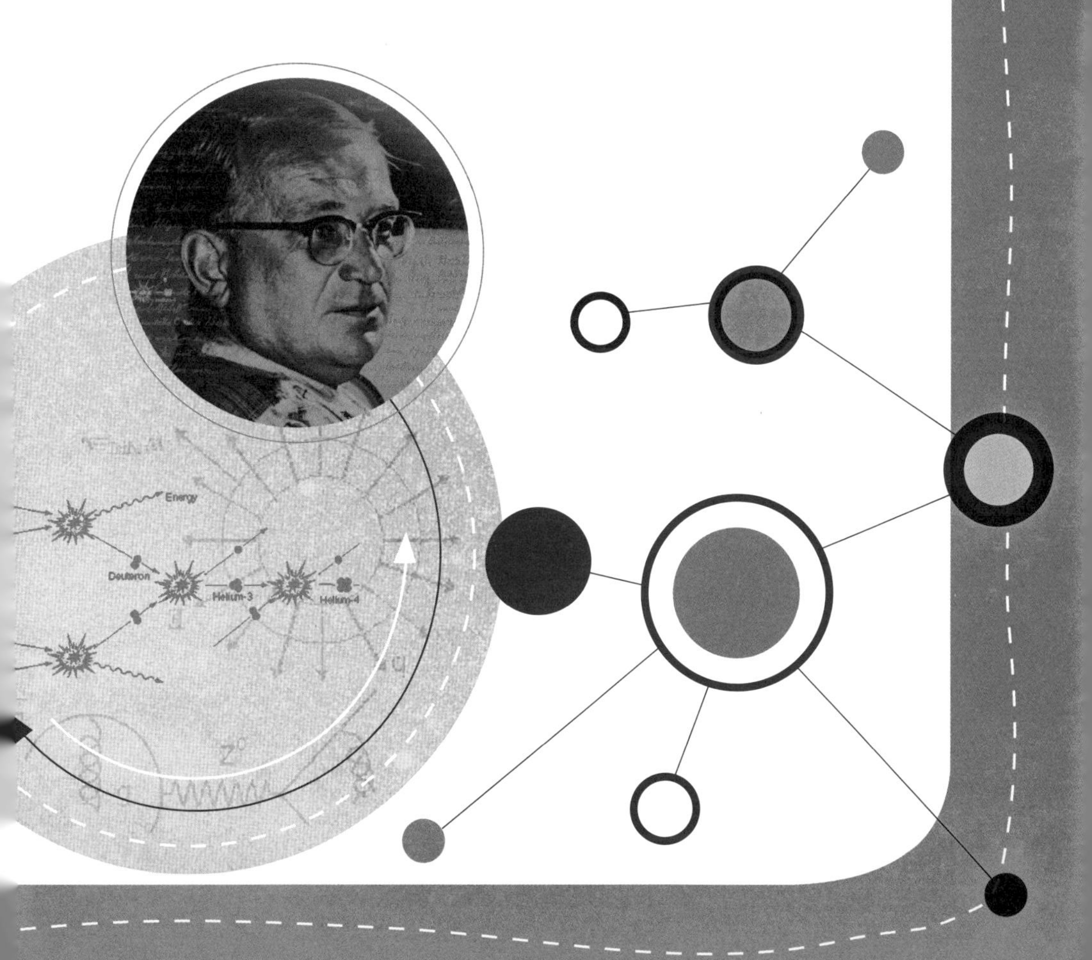

8

마지막 수업

원소의 기원

교. 고등 지학 II 4. 천체와 우주
과.
연.
계.

가모가 지금까지 배운 내용을 정리하며 마지막 수업을 시작했다.

지금까지 우리는 자연계에 존재하는 원소와 인공적으로 만들어진 원소의 기원을 추적해 보았습니다. 이를 정리해 보면 다음과 같습니다.

수소와 헬륨의 생성

먼저 우주의 시작인 빅뱅으로 인해 모든 원소 중에서 가장 가벼운 원소인 수소의 원자핵이 만들어집니다. 그리고 수소

의 원자핵들 중의 일부가 서로 핵융합을 하여 헬륨의 원자핵을 만들어 냅니다.

일부 헬륨의 원자핵 또는 수소의 원자핵들이 서로 핵융합을 하여 더 무거운 리튬이나 베릴륨의 원자핵이 만들어지기도 합니다.

하지만 곧 핵융합은 멈추고 더 이상 진행되지 않습니다. 우주의 온도가 핵융합이 일어날 수 있는 온도 이하로 떨어졌기 때문입니다. 무거운 원자핵일수록 좀 더 높은 온도에서 핵융합을 시작하지만 우주는 이미 그 온도 이하로 식어 버렸기 때문입니다.

빅뱅 이후 약 10만 년이 지나면 우주의 온도가 3,000℃ 이하로 떨어지고, 수소의 원자핵과 헬륨의 원자핵은 떠돌아다니던 전자와 결합하여 각각 수소 원자와 헬륨 원자를 형성합니다.

헬륨보다 무거운 원소의 생성

우주에 떠돌아다니던 수소가 중력의 작용으로 뭉치기 시작합니다. 점점 더 많은 수소가 모여들면서 중심의 온도가 계속 올라갑니다. 마침내 중심의 온도가 400만 ℃ 이상이 되면 그 속에서 다시 핵융합이 일어나고 스스로 빛을 내는 별이 됩니다.

별 속에서는 수소가 뭉쳐서 헬륨이 만들어집니다. 마침내 별의 중심에 있던 수소가 모두 헬륨으로 바뀌면 별의 중심부는 밀도가 높아져 그 자신의 중력으로 다시 수축하게 됩니다. 별이 수축하면 중심의 온도가 더 올라갑니다. 이런 일은 별의 질량이 클수록 더 잘 진행됩니다.

헬륨보다 무거운 원소들은 별 속에서 핵융합 과정을 통해 생성됩니다. 물론 헬륨도 별 속에서 수소의 핵융합 과정에 의해서 생성되기도 합니다.

이렇게 별 속에서 생성되는 원소는 가장 안정된 결합 형태를 지닌 철까지입니다. 철보다 무거운 원소는 별 속에서 생성되더라도 불안정하여 곧 분해되어 좀 더 가벼운 원소로 바뀌고 맙니다. 결국 리튬에서 철 사이의 원소가 별 속에서 생성되는 겁니다.

그중에서 원자 번호가 짝수인 원소는 헬륨의 반응으로 만들어지고, 원자 번호가 홀수인 원소는 짝수인 원소에 수소가 반응하여 생성된 것입니다.

철보다 무거운 원소의 생성

철보다 무거운 원소는 별이 폭발할 때 성간에서 만들어집니다. 다시 말해 철에서 우라늄 사이의 원소는 핵융합에 의해 만들어지지 않는다는 것입니다. 별이 폭발할 때 생기는 높은 밀도의 양성자와 중성자가 그 전에 만들어진 원자핵과 결합하여 순간적으로 만들어지는 것입니다.

철보다 무거운 원소들은 초신성 폭발 과정에서 생성됩니다.

초우라늄 원소

우라늄보다 무거운 원소는 자연 상태에서는 발견되지 않습니다. 현재까지 인정된 원소는 모두 112개입니다. 이 중에서 천연 상태에서 화학적으로 유리된 상태나 다른 원소와 결합된 상태로 산출되는 원소가 모두 92개이고, 나머지 원소는 인공적으로 만들어지는 것입니다.

자연계에는 우라늄보다 무거운 초우라늄 원소들이 존재할 수 없습니다. 그 원소들은 불안정하여 생성된다 할지라도 곧 붕괴되어 사라져 버리기 때문입니다.

하지만 우리는 가속기 속에서 인공적으로 초우라늄 원소들을 만들어 낼 수 있습니다. 물론 이러한 원소들은 짧은 시간 동안만 존재합니다. 하지만 우리는 이 원소들을 인위적으로 만들어 낼 수 있으므로 이것도 원소에 포함된다고 할 수 있습니다.

원소의 주기율표

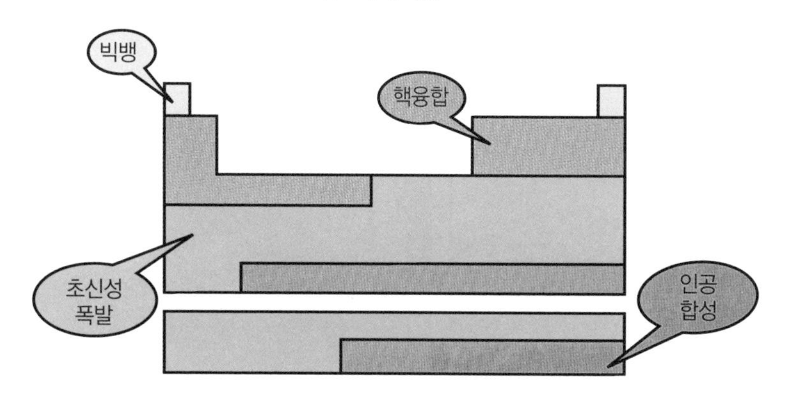

원소의 기원: 수소와 헬륨은 빅뱅으로, 그보다 무거운 원소들은 핵융합으로, 그리고 철보다 무거운 원소들은 초신성 폭발 과정에서 생성된다. 초우라늄 원소들은 가속기 속에서 인공적으로 합성된다.

만화로 본문 읽기

우주에는 수소가 가장 많으니까 처음 만들어진 원소는 수소가 되겠네요?
맞아요. 우주의 시작인 빅뱅으로 인해 만들어진 최초의 원소는 수소예요.

수소들이 중력의 작용으로 뭉치면 중심의 온도가 계속 올라가게 되는데, 400만 ℃ 이상이 되면 그 속에서 핵융합이 일어나면서 스스로 빛을 내는 별이 되지요.
수소(H)들이 뭉침
400만℃ 이상 상승
핵융합
별

그리고 이 과정 중에 수소가 뭉쳐서 헬륨이 만들어지며 별 속 핵융합에 의해 헬륨보다 무거운 원소들도 만들어집니다.

별 속에서 생성되는 원소는 가장 안정된 결합 형태를 지닌 철까지라고 합니다.
그럼 철보다 무거운 원소는 어떻게 만들어지나요?
H
He
C
Ne
O
Si
Fe

철보다 무거운 원소들은 초신성 폭발 과정에서 생성되지요. 별이 폭발할 때 생기는 높은 밀도의 양성자와 중성자가 그 전에 만들어진 원자핵과 결합하여 만들어지는 것입니다.
그렇군요.

이것은 주기율표 속 해당 원소가 어떻게 만들어졌는지 나타낸 것입니다.
빅뱅
핵융합
초신성 폭발
인공 합성

부록

과학자 소개
과학 연대표
체크, 핵심 내용
이슈, 현대 과학
찾아보기

과학자 소개

원소의 기원을 설명한 가모George Anthony Gamow, 1904~1968

가모는 구소련의 우크라이나의 오데사에서 태어났지만, 자유로운 과학 연구를 위해 공산주의 국가인 소련을 탈출해 1940년 미국으로 망명하여 미국 시민이 된 과학자입니다.

레닌그라드 대학을 졸업하고 괴팅겐 대학을 거쳐, 코펜하겐 대학에서 보어에게, 케임브리지 대학에서 러더퍼드에게 배웠습니다. 이어 레닌그라드 과학 아카데미 연구부장으로 있다가 파리 대학과 런던 대학 강사를 거쳐, 1934년 미국으로 건너가 조지 워싱턴 대학의 교수가 되었습니다.

일찍이 가모는 방사능 붕괴가 일어나는 이유를 '터널 효과'라 부르는 양자 역학 개념으로 설명하여 명성을 얻었습니다.

'터널 효과'는 오늘날 각종 전자 장치와 블랙홀, 빅뱅, 그리고 우주의 탄생을 설명하는 데 중요한 물리학 개념입니다.

그 후 가모는 우주의 기원에 관심을 갖고 우주가 대폭발로 시작되었다는 빅뱅 우주론을 주장합니다. 빅뱅 우주론에 대한 다른 학자들의 반응은 냉랭했지만 가모는 여러 저술과 강연을 통해 자신의 주장을 알리며 굽히지 않았고, 결국에는 자신의 주장이 옳다는 것을 인정받게 됩니다.

가모는 재능이 뛰어난 과학자로 물리학뿐만 아니라 생물학의 DNA까지 연구하여 업적을 남겼습니다. 또 가모는 재치 있는 농담과 재미있는 그림과 시로 주위 사람들을 즐겁게 만들어 주었을 뿐 아니라, 일반인을 위한 과학책을 저술하여 과학 계몽에 크게 기여하였습니다.

오늘날 전 세계의 수많은 물리학자들이 어린 시절에 가모의 책을 읽으며 과학을 향한 꿈을 키워 왔다고 고백했을 정도입니다.

과학 연대표
언제, 무슨 일이?

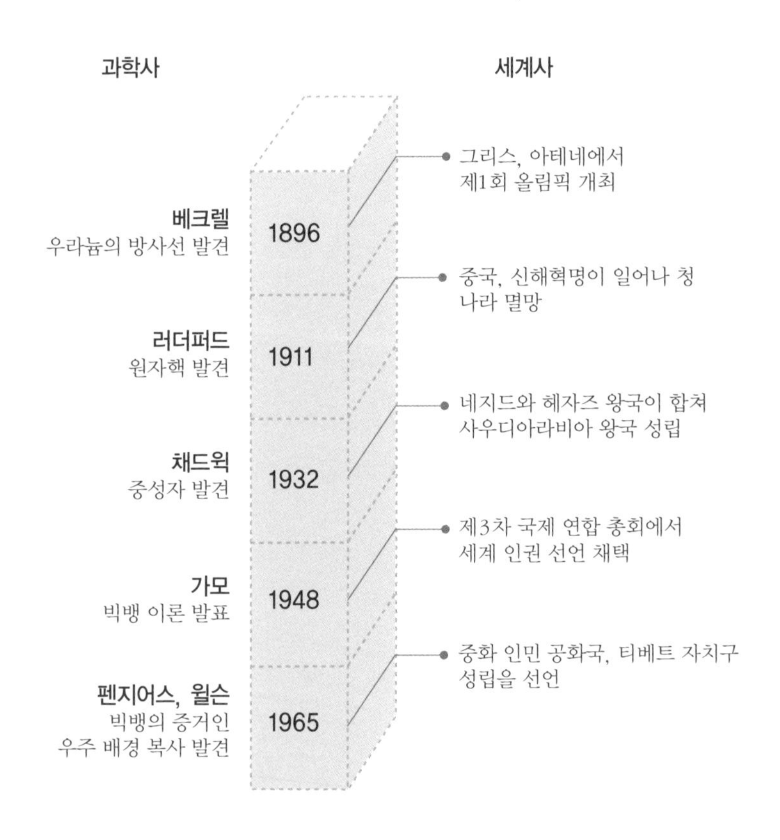

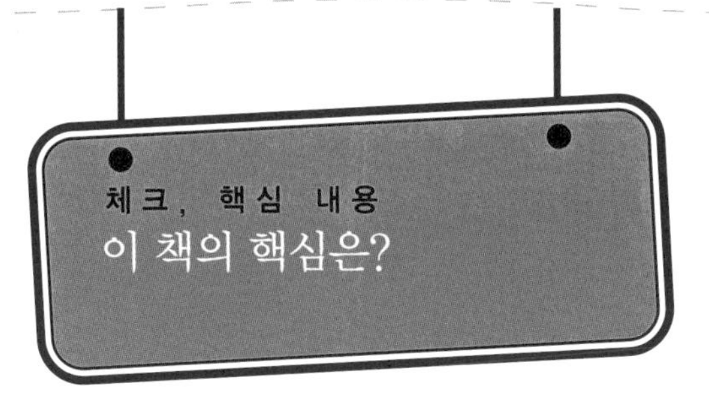

1. 원소란 물질을 화학적인 방법으로 더 이상 □□ 할 수 없는 물질의 최소 단위입니다.
2. □□ 우주론은 우주가 대폭발로부터 시작되어 급격히 팽창하면서 빠르게 식어 가는 동안 물질의 근원이 되는 원소들이 만들어졌다고 주장합니다.
3. 빅뱅으로 탄생한 우주는 급격히 팽창하면서 빠르게 식어 무거운 원소는 채 만들어지지 못하고 가벼운 원소인 □□ 와 □□ 이 만들어져 우주의 대부분을 차지하게 되었습니다.
4. 별의 중심에서는 □□□ 반응으로 수소는 헬륨이 되고, 헬륨은 다시 탄소가 되는 반응이 단계적으로 일어나 점점 무거운 원소들이 차례로 만들어집니다.
5. 가속기나 원자로를 사용하여 핵반응 또는 핵분열을 일으켜 인공적으로 만든 원소를 □□ □□ 원소라고 합니다.
6. 우주에서 철보다 무거운 원소들은 □□□ 폭발 과정에서 생성됩니다.

1. 분해 2. 빅뱅 3. 수소, 헬륨 4. 핵융합 5. 인공 합성 6. 초신성

이슈, 현대 과학

'인공 태양-케이스타(KSTAR)' 극저온 운전 성공

2008년 4월 마침내 우리나라도 독자 기술로 완성한 초전도 핵융합 연구 장치인 '케이스타(KSTAR)'의 극저온 운전에 성공하였습니다. 케이스타는 인공 태양, 다시 말해 인공적으로 핵융합 에너지를 얻는 방법을 연구하는 장치입니다.

1995년 12월 '국가 핵융합 연구 개발 기본 계획'이 확정되어 개발 사업에 착수한 이래 국내에서 단일 연구 개발에 소요된 예산으로는 최대 규모인 3,000억 원이 투입되었습니다. 국가핵융합연구소에서 주관하여 2007년 9월 지름 9m, 높이 6m, 무게 60t의 주장치를 완공하였고, 2008년 6월부터 시운전을 가동하여 2007년 9월 10만 암페어 이상의 전류를 지닌 200만 ℃의 플라스마를 생성하여 0.249초 동안 유지하는 데 성공하였습니다.

핵융합은 촉망받는 미래의 에너지원입니다. 핵융합 발전

은 핵분열 방법으로 얻는 원자력 발전과는 반대되는 개념으로 폭발 위험이 없습니다. 또 화력 발전과 달리 온실 가스가 발생하지 않는 청정 에너지입니다. 더구나 핵융합에 필요한 원료는 지구상에서 매우 흔한 자원이라는 것이 더욱 매력적입니다.

문제는 태양 속에서의 핵융합은 자연스러운 현상이지만 이를 지구상에서 일으키기는 쉽지 않다는 것입니다. 핵융합을 일으키려면 원자핵끼리 충돌시켜야 하는데 원자핵 안에는 양전하를 가진 양성자들이 있어서 서로 밀어내기 때문입니다.

이 문제를 해결하기 위해서는 플라스마 온도를 1~2억 ℃ 정도로 1~2초간 유지시켜야 합니다. 이 핵융합 기술을 실현하기 위해서 2040년 상용화를 목표로 세계 주요 국가가 관련 기술 개발을 위한 공동 컨소시엄(ITER)을 구성해 연구를 진행 중에 있으며, 우리나라도 이에 참가하고 있습니다.

KSTAR는 '한국형 초전도 토카막 연구 장치(Korea Super-conducting Tokamak Advanced Reserch)'의 영문 첫 글자를 딴 약자로, '케이스타'라고 부릅니다. 토카막은 현존하는 핵융합 장치 가운데 가장 발달한 것으로서 강력한 자기력 선 그물망을 이용하여 초고온의 플라스마를 가두고 핵융합 반응이 일어나도록 유도하는 장치입니다.

찾아보기

어디에 어떤 내용이?

ㅊ

ㅋ

ㅌ

ㅍ

ㅎ